目　次

まえがき

この規格は，一般社団法人電気学会（以下“電気学会”とする。）ブッシング標準特別委員会において2016年11月に制定作業に着手し，慎重審議を行い，2019年1月22日に電気規格調査会委員総会の承認を経て制定した，電気学会 電気規格調査会標準規格である。これによって，**JEC-5202**-2007は改正され，この規格に置き換えられた。

この規格の一部が，知的財産権に関する法令に抵触する可能性があることに注意を喚起する。電気学会は，このような知的財産権に関する法令にかかわる確認について，責任をもつものでない。

この規格と関係法令に矛盾がある場合には，関係法令の遵守が優先される。

ブ ッ シ ン グ

Bushings

序文

この規格は，ブッシングに関する使用状態，定格，特性，構造，試験などについて規定した電気学会 電気規格調査会標準規格である。

本規格に対応する **IEC** 規格は次のとおりである。

IEC 60137：2017 Insulated bushings for alternating voltages above 1 000 V

IEC 62155：2003 Hollow pressurized and unpressurized ceramic and glass insulators for use in electrical equipment with rated voltages greater than 1 000 V

IEC 61462：2007 Composite hollow insulators - Pressurized and unpressurized insulators for use in electrical equipment with rated voltage greater than 1 000 V - Definitions, test methods, acceptance criteria and design recommendations

1 適用範囲

この規格は，公称電圧 3.3 kV 以上の電線路又はこれに接続される機器に使用されるブッシングに適用する。ただし，機器の一部を形成し，独立したブッシングとして取り扱えないものには適用しない。

注記 電力用の機器，例えば変圧器，遮断器，リアクトル，計器用変成器などの一部として用いられる場合でも，ブッシング単独で試験できるものには適用する。ただし，直流用ブッシングについては，使用実績が少ないことから取り扱わないこととした。

2 引用規格

次に掲げる規格は，この規格に引用されることによって，この規格の規定の一部を構成する。これらの引用規格のうちで，西暦年を付記してあるものは，記載の年の版を適用し，その後の改正年（追補を含む。）は適用しない。

JIS B 0601：2013 製品の幾何特性仕様（GPS）－表面性状：輪郭曲線方式－用語，定義及び表面性状パラメータ

JIS B 0701-1987 切削加工品の面取り及び丸み

JEC-0102-2010 試験電圧標準

JEC-0201-1988 交流電圧絶縁試験

JEC-0202-1994 インパルス電圧・電流試験一般

JEC-0222-2009 標準電圧

JEC-0401-1990 部分放電測定

JEC-2200-2014 変圧器

JEC-2350：2016 ガス絶縁開閉装置

JEC-2374：2015 酸化亜鉛形避雷器

JEC-2390：2013 開閉装置一般要求事項

JEC-3408：2015 特別高圧（11 kV ～ 500 kV）架橋ポリエチレンケーブル及び接続部の高電圧試験法

JEC-5203-2013 エポキシ樹脂ブッシング（屋内用）

3　用語及び定義

この規格及び関連する個別規格で用いる主な用語及び定義は，次による。ただし，電気学会 電気専門用語集 No.12 で規定している用語については，用語及び電気専門用語集での番号を併記する。

3.1　一般

3.1.1

ブッシング（bushing）(3.01)

壁又はタンクなどの隔壁を貫通する導体又は導体を通す通路をもち，これを隔壁から絶縁し，支持する装置。

3.1.2

変圧器用ブッシング（transformer bushing）

変圧器に使用されるブッシング。

注記　変圧器に限らずその他の静止機器（リアクトル，変流器，計器用変圧器など）に使用されるブッシングを含む。

3.2　ブッシングの構造及び絶縁構成別種類

ブッシングの種類として，単一形と複合絶縁，外被材料，内部充填材料，コンデンサブッシング類で区分けする。

3.2.1

単一形ブッシング（plain bushing）(3.02)

主として単一種類の固体絶縁物をもち，これが絶縁の主体となるブッシング。

3.2.1.1

樹脂ブッシング（resin bushing）(3.04)

固体絶縁物が樹脂である単一形ブッシング。

注記　**JEC-5203**-2013 による。

3.2.2

複合絶縁ブッシング（combined insulation bushing）

絶縁材料が少なくとも二つ以上の異なる絶縁物の組合せからなるブッシング。

3.2.3

磁器ブッシング（porcelain bushing）(3.03)

外部絶縁が磁器がい管で構成されたブッシング。

注記　磁器がい管が単一形ブッシングがい管の場合も含む。

3.2.4

ポリマーブッシング（composite bushing）

外部絶縁がポリマー材料（シリコーンゴムなど）で構成されたブッシング。

注記　ポリマーがい管を用いたポリマーがい管形や，固体絶縁ブッシングやコンデンサブッシングなどの表面にポリマー材料を直接モールドしたダイレクトモールド形のブッシングの総称である。

3.2.5

液体封入ブッシング（liquid-filled bushing）

内部に液体絶縁物を封入したブッシング。

3.2.5.1

油入ブッシング（oil-filled bushing）(3.06)

内部絶縁の主体に絶縁油を用いた液体封入ブッシング。

注記 一般には，絶縁の信頼性を増すために，内部に絶縁筒を同心状に配置するのが普通である。この絶縁筒に電界を制御する目的で，導電層を設けたものもある。

3.2.6

ガス封入ブッシング（gas-filled bushing）

内部に絶縁ガスを封入したブッシング。

3.2.6.1

ガス絶縁ブッシング（gas-insulated bushing）

内部絶縁の主体が絶縁ガスであるブッシング。

注記 ガス絶縁開閉装置の一部を形成し，絶縁ガスがガス絶縁開閉装置と共通であるブッシングを含む。

3.2.6.2

ガス充塡ブッシング（gas-impregnated bushing）

内部絶縁の主体となる絶縁物が紙又はプラスチックフィルムを巻きつけて層間に絶縁ガスを満たしたもので，がい管との隙間にも同じ絶縁ガスを満たしたブッシング。

3.2.7

固体絶縁ブッシング（solid-insulated bushing）

内部絶縁の主体が固体絶縁物で構成されたブッシング。

3.2.8

コンデンサブッシング（condenser bushing）(3.07)

内部絶縁を構成する絶縁物中に多数の同心円筒状の電極を配置し，コンデンサを形成させて電界を制御し，又は分圧器を構成するように設計されたブッシング。

注記 気中で使用する場合は，外部絶縁にがい管を用いたものやポリマー材料を直接モールドしたものがある。外部絶縁にがい管を用いたものの場合，コンデンサコアとの隙間には液体絶縁物，絶縁ガス，固体絶縁物などを満たす。

3.2.8.1

油浸紙コンデンサブッシング（oil-impregnated paper bushing）(3.08)

内部絶縁が油浸紙で構成されたコンデンサブッシング。

3.2.8.2

レジン紙コンデンサブッシング（resin-treated paper bushing）(3.09)

内部絶縁がレジン紙で構成されたコンデンサブッシング。

3.2.8.3

レジン塗工紙コンデンサブッシング（resin-bonded paper bushing）

紙に樹脂を塗布したものを巻き固めたコアで構成されたレジン紙コンデンサブッシング。

3.2.8.4

レジン含浸紙コンデンサブッシング（resin-impregnated paper bushing）

未処理の紙を巻きつけ，その後樹脂を含浸させたコアで構成されたレジン紙コンデンサブッシング。

3.2.8.5

レジン含浸合成繊維コンデンサブッシング（resin-impregnated synthetics bushing）

合成繊維を巻きつけ，その後樹脂を含浸させたコアで構成されたコンデンサブッシング。

3.3　ブッシングの使用別種類

3.3.1

気中－油中用ブッシング（air-oil bushing）(3.12)

一端が大気中で，他端が絶縁油中で使用されるブッシング。

注記　気中用には屋内用と屋外用がある。

3.3.2

気中－ガス中用ブッシング（air-gas bushing）

一端が大気中で，他端が絶縁ガス中で使用されるブッシング。

注記　気中用には屋内用と屋外用がある。

3.3.3

気中－気中用ブッシング（air-air bushing）(3.13)

両端が大気中で使用されるブッシング。

注記　気中用には屋内用と屋外用がある。

3.3.4

油中－油中用ブッシング（oil-oil bushing）(3.14)

両端が絶縁油中で使用されるブッシング。

3.3.5

ガス中－ガス中用ブッシング（gas-gas bushing）

両端が絶縁ガス中で使用されるブッシング。

3.3.6

ガス中－油中用ブッシング（gas-oil bushing）

一端が絶縁ガス中で，他端が絶縁油中で使用されるブッシング。

3.4　ブッシングの構成部品

3.4.1

中心導体（central conductor）(3.15)

スタッド式ブッシングの中心を貫通して，機器の口出し端子となる導体。

3.4.2

中心パイプ（central tube）(3.16)

パイプ式ブッシングを貫通する導体の通路を形成する管。

3.4.3

引込みリード（draw lead）(3.17)

中心パイプを備えたブッシングにおいて，この管を貫通する導体。

3.4.4

がい管（hollow insulator）(1.12)

両端の開いた管状の中空絶縁体。

注記　かさのあるものとないもの，取付用把持金具のあるものとないものがある。

3.4.4.1

磁器がい管（porcelain hollow insulator）

磁器で製作されたがい管。

3.4.4.2

ポリマーがい管（composite hollow insulator）

FRP を構造材に用い，FRP 表面をポリマー材料（シリコーンゴムなど）で被覆したがい管。

3.4.4.3

樹脂がい管（resin hollow insulator）

樹脂で製作されたがい管。

3.4.5

支持金具（end fitting, fixing device）

ブッシングを隔壁に取り付けるための金具。

3.4.6

シールドリング（shield ring）(1.14)

ブッシングの電位分布を制御するために，がい管の内部又は外部で，支持金具又は端子の近くに設けられた環状の電極。

3.4.7

保護ギャップ（protective gap）(3.18)

ブッシングの外部でフラッシオーバを生じた場合に，ブッシングの損傷を防ぐ目的で設けられた放電ギャップ。

3.4.8

電圧測定端子（voltage tap, potential tap, capacitance tap）(3.19)

高圧端子の電圧を測定する目的で，ブッシング内の一つの導電層の電位を外部に引き出すために設けられた端子。

注記　電圧測定端子は，試験用端子として使用される場合もある。

3.4.9

試験用端子（test tap, measuring tap, tan δ tap）(3.20)

ブッシング内部の絶縁物の品質を管理する目的で，誘電正接及び静電容量などを測定するために，ブッシング内の一つの導電層に接続された端子。

注記　試験用端子は，運転中は接地される。

3.4.10

かさ（shed）(1.03)

絶縁体の表面漏れ距離を増すために絶縁体の本体の周辺に沿ってかさ状に張り出した部分。

3.4.11

ひだ（rib）(1.05)

絶縁体の本体又はかさに設けられた環状の突出部。

3.5　定格の定義

3.5.1

定格電圧（rated voltage）

規定の条件のもとで，そのブッシングに課すことのできる使用回路電圧の上限。線間電圧（実効値）で表す。

3.5.2

定格耐電圧（rated withstand voltage）

規定の条件のもとで，そのブッシングが異常なく耐えなければならない試験電圧値。

3.5.3

常規対地電圧（normal phase-to-earth voltage）

中心導体又は中心パイプと接地された支持金具との間に常時印加される最高電圧（実効値）で，定格電圧を$\sqrt{3}$で除した電圧。

3.5.4

定格電流（rated current）

定格電圧，定格周波数のもとに温度上昇の限度及び最高許容温度を超えないで，そのブッシングに連続して通じ得る電流限度。

3.5.5

定格周波数（rated frequency）

ブッシングが規定の条件に適合するように設計された周波数。50 又は 60 Hz を標準とする。

3.5.6

定格短時間耐電流（rated short-time withstand current）

電流を 2 秒間ブッシングに通じても異常の認められない電流限度。

注記 ブッシングは，基準周囲温度以下で定格電流を連続通電し，各部がそれに対応する温度上昇値に達している状態で，これに定格短時間耐電流を通じても，また，逆に定格短時間耐電流の通電後引き続いて定格電流を通じても，これらによって損傷することがないものでなければならない。

3.5.7

定格短時間耐電流の波高値（rated dynamic current）

電流をブッシングに通じても機械的に異常の認められない電流波高値の限度。

3.5.8

温度上昇（temperature rise）

ブッシングの温度測定部位の最高測定温度と周囲温度との差。

3.5.9

最低保証ガス圧力（minimum functional gas pressure）

絶縁及び通電性能に関し保証し得る最低のガス圧力。20 ℃におけるゲージ圧力で表す。

3.5.10

定格ガス圧力（rated gas pressure）

絶縁及び通電性能に関する設計ガス圧力。20 ℃におけるゲージ圧力で表す。

3.5.11

最高使用ガス圧力（maximum operating gas pressure）

ガス封入ブッシングにおいてブッシングが規定の条件のもとで定格電流を通電するときに許容される最高ガス圧力，又は，気中－ガス中用ブッシング，ガス中－ガス中用ブッシング及びガス中－油中用ブッシングのガス中部分において許容される最高ガス圧力。

3.5.12

電圧測定端子の定格電圧（rated voltage of the voltage tap）

一線地絡時の健全相電圧における電圧測定端子の最高電圧値。

3.6　特性の定義

3.6.1

ガス封入ブッシングのガス漏れ率（leak rate of gas-filled bushing）

規定の温度における単位時間当たりのガス総量に対する漏れ量の比。

3.6.2

主静電容量（main capacitance）(3.21)

中心導体又は中心パイプと電圧測定端子との間の静電容量。

3.6.3

分圧静電容量（tap capacitance）(3.22)

電圧測定端子と接地部との間の静電容量。

3.6.4

全静電容量（total capacitance）(3.23)

中心導体又は中心パイプと接地部との間の静電容量。

3.6.5

有効長（arcing distance）

がい管がブッシングとして取り付けられた状態で充電部の金具から接地部金具間のがい管絶縁体部のブッシング中心軸に平行な距離。

3.6.6

表面漏れ距離（creepage distance）(4.02)

がい管の充電部の金具から接地部金具間のがい管絶縁体部の外表面に沿っての最短距離。

注記 1　セメントや他の絶縁されていない接着材料の表面は漏れ距離とはならない。

注記 2　高抵抗コーティングを絶縁体に適用する場合，その部位は絶縁された面として有効であり，表面漏れ距離として含む。

3.6.7

平均直径（average diameter）(1.10)

がい管の汚損耐電圧特性に影響する要素であり，がい管の外表面積を表面漏れ距離のπ倍で除した寸法。

3.7　その他関連装置

3.7.1

高性能避雷器（surge arrester with lower protection level）

JEC-2374：2015 のうち，高性能特性を有する避雷器。

4　定格

4.1　定格電圧

ブッシングの定格電圧は，**表 1** の値を標準とする。

ブッシングの定格電圧は，**JEC-0222**-2009 に規定された線路の最高電圧としている。一般的には，遮断器のように定格電圧としてブッシングより高い値を採用している機器にも適用できる。しかし，ブッシングの運転される線路の電圧が連続的にブッシングの定格電圧より高い場合は，適用できないことがある。

表 1 — ブッシングの定格電圧

単位　kV

3.45	6.9	11.5	23	34.5	69	80.5	(92)[a]	115	(138)[a]	161	195.5	230
287.5	550	1 100										

注 [a]　(　) 内は準標準値とする。

4.2　定格電流

ブッシングの定格電流は，**表 2** の値を標準とする。

4 000 A を超えるブッシングでは，当事者間の協議による合意があれば，この値以外を用いてもよい。

表 2 — ブッシングの定格電流

単位　A

400	600	800	1 000	1 200	1 500
2 000	3 000	4 000	6 000	8 000	10 000
12 000	15 000	20 000	25 000		

4.3　定格短時間耐電流

ブッシングの定格短時間耐電流は，**表 3** の値を標準とする。指定のない場合には 50 kA を限度としてブッシングの定格電流の 25 倍とする。

表 3 — ブッシングの定格短時間耐電流

単位　kA

10	12.5	16	20	25	31.5
40	50	63	80		

定格短時間耐電流の最大波高値は，**表 4** に規定するように，定格値の 2.5 倍を標準とする。ただし，直流分減衰時定数として 120 ms を採用する場合は，その定格値の 2.7 倍とする。

表 4 — 定格短時間耐電流の最大波高値

直流分減衰時定数 ms	最大波高値	適用
45	定格値の 2.5 倍	標準値
120	定格値の 2.7 倍	準標準値

定格短時間耐電流通電時間は，2 秒間を標準とする。

4.4　定格ガス圧力

ガス封入ブッシングにおけるブッシングの定格ガス圧力は 20 ℃におけるガス圧力をいい，ゲージ圧をもって表記する。ただし，標準値は規定しない。

注記　この規格では，次の観点から標準値を規定しないこととした。

a)　ガス遮断器の場合は，主に遮断器の遮断性能で定格ガス圧力が設定され，遮断器の形式によって定格ガス圧力は異なることから，ブッシングの定格ガス圧力の標準値を規定することは困難である。

b)　ガス絶縁開閉装置用の場合は，主にブッシング以外の構成機器の絶縁性能によって定格ガス圧力が設定されるため，標準値を一意的に規定することは適切ではない。

4.5　温度上昇限度

ブッシング各部の温度上昇を**表 5** に示す。

ただし，開閉装置又は変圧器のような機器の一部として使用されるブッシングは，関連機器の温度上昇限度を満たさなければならない。

表 5 — 温度上昇限度及び最高許容温度

部位		周囲絶縁媒体	温度上昇の限度 K	最高許容温度 ℃
接触部	銅	空気中	35	75
		SF_6 中	65	105
		油中	40	80
	銀	空気中	65	105
		SF_6 中	75 85[a]	115 125[a]
		油中	55	95
	すず	空気中	50	90
		油中	50	90
導体接続部	銅又は アルミニウム	空気中	50	90
		SF_6 中	75	115
		油中	65	105
	銀	空気中	75	115
		SF_6 中	75 85[a]	115 125[a]
		油中	65	105
	すず	空気中	65	105
		油中	65	105
主回路端子接続部	銅又は アルミニウム	気中	50	90
	銀	気中	65	105
	すず	気中	65	105
絶縁物及び絶縁物に接する 金属部分		耐熱クラス A	65	105
		耐熱クラス E	80	120
		耐熱クラス B	90	130
		耐熱クラス F	115	155
		耐熱クラス H	140	180
		SF_6	90	130
		油	75	115
がいしのセメント部分			60	100
ポリマーがい管部分			50 60[b]	90 100[b]

注 a) 使用温度により所要の性能が影響を受けるＯリングなどの気密用絶縁物，高電圧部分を支持する絶縁物部分について，材料の温度寿命特性から適切な配置又は適切な耐熱性能をもつ場合に適用する。
b) 高温時の特性データを取得し，適切な耐熱特性をもつと判断される場合に適用する。

温度上昇の限度及び最高許容温度の考え方，試験などについては，次による。

a) **表 5** の温度上昇限度は周囲温度が 40 ℃以下の場合の値である。周囲温度が 40 ℃を超える場合に使用されるブッシングに対しては，**表 5** に示す温度上昇限度から周囲温度が 40 ℃を超える温度を減じた値をその温度上昇の限度とし，最高許容温度は不変とする。

b) 接触部とは主接触子の通電部分並びに接触力がばね作用で与えられ，相互に運動し得る主電流の通電部分をいう。

c）接続部とはボルト，ねじ締付け又はそれと同等条件による固定接続の主電流の通電部分をいう。このうち特に主回路端子を介して気中リードと接続されている部分を主回路端子接続部という。

d）**表 5** 以外に O リングや有機絶縁物など，その使用温度により所要の性能が影響を受けるものは個別に設計上の配慮が必要である。

e）複数の絶縁物と接触する場合はより温度の低い側の値とすること。
変圧器に適用する場合，変圧器側の油温度上昇限度が 60 K である場合には，油とがいしのセメント部分の温度上昇限度が同一となるため，当事者間の協議により試験条件，許容値を決定するものとする。

f）**表 5** の油中とは，鉱油中を示し，鉱油以外の場合の許容値については，当事者間の協議により決定するものとする。

g）空気とは，dry air を含む。

h）周囲絶縁媒体に空気及び SF_6 以外の気体を適用する場合の許容値については，当事者間の協議により決定するものとする。

4.6　定格耐電圧

ブッシングの定格耐電圧の標準値を**表 6** に示す。

表 6 — ブッシングの定格電圧及び定格耐電圧

単位 kV

定格電圧	定格耐電圧			
	雷インパルス耐電圧試験	開閉インパルス耐電圧試験	短時間商用周波耐電圧試験（実効値）	長時間商用周波耐電圧試験（実効値）
3.45	30	−	10	−
	45	−	16	−
6.9	45	−	16	−
	60	−	22	−
11.5	75	−	28	−
	90	−		
23	100[a]	−	50	−
	125	−		
	150	−		
34.5	150[a]	−	70	−
	170	−		
	200	−		
69	250[a]	−	115[a]	−
	350	−	140	−
80.5	325[a]	−	140[a]	−
	400	−	160	−
(92)[b]	(450)[b]	−	(185)[b]	−
115	450[a]	−	195[a]	−
	550	−	230	−
(138)[b]	(650)[b]	−	(275)[b]	−
161	650[a]	−	275[a]	−
	750	−	325	−
195.5	650[a]	450[a]	(325)	170-225-170
	750	550		
230	750[a]	550[a]	(395)	200-265-200
	900	650		
287.5	950[a]	750	(460)	250-330-250
	1 050			
550	1 300[a]	1 050	(750)	475-635-475
	1 425[a]			
	1 550[a]			
	1 800			
1 100	2 250	1 550	−	950-1 100-950

注 [a] 高性能避雷器を設置し，低減試験電圧値を導入したものを示す。
[b] （　）内は準標準値とする。

定格耐電圧の考え方については，次による。

a) 195.5 kV 以上のクラスにおいては，商用周波耐電圧値には，原則として長時間試験値を用いるものとする。ただし，機器耐電圧性能上過酷となる短時間試験にて代用することも許容するものとする。

b) ブッシングが標高 1 000 m を超える場所で使用され，標高 1 000 m 以下の場所で試験される場合には，耐電圧値は当事者間の協議により決定するものとする。

c) **表 6** の定格耐電圧値は，**JEC-0102**-2010 に準ずる。

4.7　人工汚損商用周波試験電圧

ブッシングの人工汚損商用周波試験電圧の標準値を**表 7** に示す。

表 7 — 人工汚損商用周波試験電圧値

単位　kV

定格電圧	試験電圧値（実効値）		
	一般主回路	中性点回路	変圧器三次回路
3.45	3.45	2.0	2.0
6.9	6.9	4.0	4.0
11.5	11.5	6.7	6.7
23	23	13.3	13.3
34.5	34.5	20	20
69	69	40	40
80.5	80.5	46.5	46.5
115	115	66.5	－
161	161	93	－
195.5	141	－	－
230	166	－	－
287.5	208	－	－
550	381	－	－
1 100	762	－	－

人工汚損商用周波試験電圧値の考え方については，次による。

a) 一般主回路とは，変圧器三次回路を除く電気所の主回路をいう。

b) 中性点回路には公称電圧という概念はないが，ここでいう中性点回路の公称電圧とは，中性点回路に対応する主回路側の公称電圧をいう。

c) 公称電圧 500 kV については，系統最高電圧 525 kV と 550 kV に対して**表 7** の試験電圧値を適用する。

d) 一般主回路及び中性点回路の試験電圧値は，それぞれ一線地絡時の健全相及び中性点の対地電圧値とし，変圧器三次回路の試験電圧値は，一般に送電線の引出しがなく事故発生頻度が少ないことなどから常規使用電圧に対する対地電圧（系統の最高電圧 $/\sqrt{3}$）として規定したが，次のような場合は系統規模・系統条件に即して個別に決定する必要がある。

　1) 長距離送電線の中間に位置する開閉所などで，一線地絡時の電圧上昇が**表 7** より高くなる場合の一般主回路の試験電圧。

　2) 送電線路の引出しがある変圧器三次回路の試験電圧。

e) 主回路側の公称電圧が 187 kV 以上の中性点回路については，中性点が直接又は変流器を介して接地される場合がほとんどであるため規定しない。また，公称電圧 110 kV 以上の変圧器三次回路についても，現在その電圧階級の採用実績がないことから規定しない。187 kV 以上で中性点を直接接地しない場合や変圧器三次回路で 110 kV 以上の電圧階級を採用する場合は，系統条件を考慮して個別に決定する必要がある。

f) **表 7** の試験電圧値は，**JEC-0102**-2010 に準ずる。

4.8　機械的強度

運転時にブッシングに加わる機械力は，自重，系統の短絡時にブッシングに流れる電流，地震及び風圧による力を対象とする。

ブッシングは次に示す条件に異常なく耐えることを原則とし，重畳荷重については**表 8** を標準とする。

・自重，風圧による機械力及び系統短絡による機械力が同時に重ね合わされた場合。（条件 A）

・自重，静的に考えた地震による機械力及び系統短絡による機械力が同時に重ね合わされた場合。（条件 B）

更に少なくとも一端が気中で使用される定格電圧 161 kV 以上のブッシングについては次の条件についても耐えることを原則とする。（条件 C）

・自重及び動的に考えた地震による機械力が同時に重ね合わされた場合。

また，内部に圧力が加わる構造のブッシングにおいては，最高使用圧力が内部に加わった状態にて上記の条件についても耐えることを原則とする。

常時加わる荷重としては，ブッシングを 30° 傾斜して取り付けたときの自重を考える。

表 8 — 機械的強度の重畳荷重

		条件 A	条件 B	条件 C （定格電圧 161 kV 以上）
常時荷重	①自重	○	○	○
	②内部圧力	○	○	○
③風圧		○	−	−
④短絡電磁力		○	○	−
地震	⑤静的	−	○	−
	⑥動的	−	−	○
重畳荷重		①+②+③+④	①+②+④+⑤	①+②+⑥

機械力の値は次の条件による。

a)　短絡電磁力

1)　指定された場合

指定された電流

2)　特に指定のない場合

2.1)　変圧器・リアクトルなど線路に並列に接続される機器に用いられるブッシングでは定格電流の 25 倍。ただし，系統の短絡電流が定格電流の 25 倍を超えないときは系統の短絡電流。

2.2)　変流器・遮断器など線路に直列に接続される機器に用いられるブッシング及び気中－気中用ブッシングなどでは系統の短絡電流。

短絡時に加わる機械力は，次の方法で計算する。

$$P_s = \frac{1}{2} \times (l_1 + l_2) \times F \quad \text{(N)}$$

P_s：短絡電磁力の頭部換算曲げ荷重（N）

l_1：ブッシング頭部からリード線支持点までの距離（m）[a]

l_2：ブッシングの頭部換算荷重に有効な導体長さ（m）

F：導体又はリード線の単位長に働く力（N/m）

ここに l_2 は，導体がブッシング両端で支持されている場合は導体全長，導体が頭部と支持金具部で支持されている場合には頭部から支持金具までの長さをとる。

$$F = 2 \times k \times \frac{I_s^2}{a} \times 10^{-7} \quad \text{(N/m)}$$

k ：下記実験式より得られる実験係数 [b]

$k = 2.5 \times 1.1^2 \times 1.05 = 3.2$

ここに，2.5 は実験定数

1.1 は導体振動の電流に対する遅れを考えた波高値補正係数

1.05 は短絡電流振動分に対する補正係数

I_s ：短絡電流交流分実効値（A）[a]

a ：隣接相ブッシングとの中心間距離（相間距離）(m) [a]

注 [a]　一般に多く存在する条件を**表 9** に示し，指定のない場合は当該計算条件を適用する。

注 [b]　**電気協同研究第 20 巻第 7 号**を参照。

表 9 — 短絡時の荷重計算条件

定格電圧 kV	定格電流 A	条件		
		短絡電流 kA	相間距離 m	リードの長さ m
23	2 000	40	0.75	2.0
34.5	2 000	40	1.0	2.0
69，80.5	1 200	31.5	1.5	5.0
115	1 200	31.5	2.0	7.0
161，195.5	1 200	40	3.0	7.0
230	3 000	50	4.0	10.0
287.5	3 000	50	5.0	10.0
550	2 000	63	8.0	10.0

b)　風圧

40 m/s （10 分間平均風速）

風圧により加わる機械力は，次の方法で計算する。

$$P_W = 533.5 \times (A_1 + A_2) \quad \text{(N)}$$

P_W：風圧機械力の頭部換算荷重（N）

A_1：ブッシング上部の投影面積（m^2）

A_2：リード線のブッシング頭部から支持点までの投影面積（m^2）

c)　地震

1)　静的に考える場合

水平方向加速度　5 m/s^2

静的地震により加わる機械力は，次の方法で計算する。

$$P_G = P_{G1} + P_{G2} \quad \text{(N)}$$

P_G ：地震機械力の頭部換算荷重（N）

P_{G1}：ブッシングのみの頭部換算荷重（N）

P_{G2}：リード線のみの頭部換算荷重（N）

ブッシング中身支持点がブッシングの両端である場合

$$P_{G1} = 0.5 \times \{0.5 \times (\text{中身質量}) + 0.5 \times (\text{上部がい管質量}) + \text{頭部質量}\} \quad \text{(N)}$$

ブッシング中身支持点が上部端及び支持金具である場合

$P_{G1}=0.5\times\{0.5\times$（支持金具から上の全質量）$\}$ （N）

$P_{G2}=0.25\times W$ （N）

W：リード線のブッシング頭部から支持点までの質量

2） 動的に考える場合

2.1） 波形 [a)] 共振正弦 3 波

2.2） 加速度 水平方向 5 m/s^2：変圧器用・気中－気中用ブッシング

3 m/s^2：開閉装置用ブッシング

鉛直方向 [b)] 2.5 m/s^2：変圧器用・気中－気中用ブッシング

1.5 m/s^2：開閉装置用ブッシング

2.3） 印加箇所

変圧器用ブッシング	ブッシングポケット下端
開閉装置用ブッシング	取付架台下端
気中－気中用ブッシング	ブッシングフランジ取付面

注記 変圧器，開閉装置以外の機器用ブッシングについては，各機器の **JEC** 規格を準用する。

注 [a)] 加振振動数は，固有振動数が 10 Hz を超える場合は 10 Hz，固有振動数が 0.5 Hz 未満の場合は 0.5 Hz とし，波形は正弦 3 波とする。

注 [b)] 取付方向が鉛直から 30° を超え水平までの角度で使用される場合に適用し，鉛直方向単独で加振する。

4.9 据付角度

全てのブッシングは，垂直から 30° を超えない範囲のどのような傾斜角度でも据え付けられるよう設計しなければならない。その他の 30° を超える据付角度とする場合は，当事者間の協議によることとする。

4.10 表面漏れ距離

4.10.1 磁器がい管の表面漏れ距離

附属書 D による。

4.10.2 ポリマーがい管の表面漏れ距離

附属書 E による。

4.11 変圧器用ブッシングの試験用端子

変圧器の部分放電測定にこれを使用する場合を考慮し，試験用端子の各値は次を超過してはならない。

・対地静電容量 10 000 pF

・誘電正接（tanδ） 商用周波耐電圧において 5 %

試験用端子の対地静電容量が前記以外の場合は当事者間の協議による合意が必要である。

4.12 耐震構造

センタークランプ方式のブッシングは，次を満足する構造でなければならない。

4.12.1 がい管ずれ止め

一端が気中用として使用されるブッシングにおいては，口開き時のがい管のずれを防止する性能を有すること。

4.12.2 がい管破損防止

一端が気中用として使用されるブッシングにおいては，口開き時のがい管が破損し難い構造とすること。

4.12.3　コア落下防止

定格電圧 161 kV 以上の気中－油中用ブッシングにおいては，がい管破損時にコアの落下を防止する性能を有すること。

4.12.4　油噴出防止

定格電圧 161 kV 以上の気中－油中用ブッシングにおいては，がい管破損時に著しい噴油を防止する性能を有すること。

また電圧測定端子及び試験用端子を有するブッシングは，想定される地震時においても電圧測定端子及び試験用端子等のリード線が切断され難い構造とすること。

5　使用状態

5.1　常規使用状態

5.1.1　標高

ブッシングは，特に指定しない限り，標高 1 000 m を超えない場所で使用されるものとする。

5.1.2　周囲温度

ブッシングは，周囲の冷却媒体の温度が次に示す値の範囲で使用されるものとする。

冷却媒体の温度	温度（℃）
大気の場合	
－最高温度	40
－日間平均温度（開放部）	35
－年平均温度	20
－最低温度	－ 20
液体（鉱油）の場合	
－最高温度	100
ガス（SF_6）の場合	
－最高温度	当事者間の協議による

これ以外のブッシング周囲の冷却媒体温度は，ブッシングが適用される装置の規格による。

注記 1　冷却媒体の日間平均温度は連続した 24 時間の測定値の平均，年平均温度は連続した 1 年間の測定値の平均とする。

注記 2　この他の温度範囲を採用する場合は，当事者間の協議による。

注記 3　ブッシングの気中部がダクト内（空気中）に設置される場合や冷却ファン等により風冷される場合の通電性能については，当事者間の協議によるが，**IEC 60137**：2017 においてダクト内温度を規定している 70 ℃以下とすることが望ましい。

注記 4　両端が空気以外の媒体で絶縁されているブッシングについては温度の設定について注意を払う必要がある。

注記 5　ブッシングの屋内部分の表面は，必要に応じて換気又は加温などを行って，結露しないようにする。

5.2　特殊使用状態

この規格で，次の使用状態を特殊使用状態とし，この使用状態の場合は特に指定しなければならない。

a)　標高が 1 000 m を超過する場合（**3.3.1**，**3.3.2**，**3.3.3** に示された気中－油中用ブッシング，気中－ガス中用ブッシング，気中－気中用ブッシングに限る）

b) 大気及び冷却媒体の温度が標準値と異なる場合（**3.3.1**，**3.3.2**，**3.3.3**，**3.3.4**，**3.3.6** に示された気中－油中用ブッシング，気中－ガス中用ブッシング，気中 － 気中用ブッシング，油中－油中用ブッシング，ガス中－油中用ブッシングに限る）

c) 塩汚損・じんあい汚損の甚だしい場所に使用される場合

注記 塩汚損・じんあい汚損の対策として，例えば活線洗浄のような対策を施す場合は指定する。ただし，外被材料にポリマー材料を使用する場合，材料の強度と洗浄水の圧力によっては外被を損傷するおそれがあることから，活線洗浄の可否は当事者間の協議により決定する

d) 特に湿潤な場所，過度の水蒸気又は油蒸気のある場所に使用される場合

e) 外部絶縁に有害なガスの到来する場所に使用される場合

f) 特に氷雪の多い場所で使用される場合

g) 異常な振動・衝撃荷重が加わる場合

h) VFT（Very fast transients）の影響を考慮する必要がある場合（ガス絶縁開閉装置と接続される **3.2.8** に示されたコンデンサブッシングに限る）

i) その他通常一般に考えられない特殊な条件のもとで使用される場合

6　使用者が明示すべき事項と銘板

6.1　特性の列挙

6.1.1　適用条件

ブッシングが取り付けられる装置の種類を含めた適用条件と，それに対応した機器の規格を提示する。ブッシングの設計に影響する完成機器の試験を含むあらゆる特徴についての注意も記入すること。

6.1.2　種類

3.2，**3.3** に示されたブッシングの構造及び絶縁構成別種類，ブッシングの使用別種類から選定する。

6.1.3　定格

a) 定格電圧

b) 常規対地電圧

c) 雷インパルス耐電圧

d) 定格電流

e) 定格短時間耐電流

f) 定格周波数

6.1.4　使用状態

a) 絶縁媒体の種類（**3.3.1**，**3.3.2**，**3.3.4**，**3.3.5**，**3.3.6** に示された気中－油中用ブッシング，気中－ガス中用ブッシング，油中－油中用ブッシング，ガス中－ガス中用ブッシング，ガス中－油中用ブッシングの気中以外の部分を有するブッシングのみに限る）

b) 絶縁液体の最低レベル（**3.3.1**，**3.3.4**，**3.3.6** に示された気中－油中用ブッシング，油中－油中用ブッシング，ガス中－油中用ブッシングの液体に浸漬した部分を有するブッシングに限る）

c) 絶縁ガスの種類（**3.2.6** に示されたガス封入ブッシングに限る）

d) 最低保証ガス圧力（**3.2.6** に示されたガス封入ブッシング及び **3.3.2**，**3.3.5**，**3.3.6** に示された気中－ガス中用ブッシング，ガス中－ガス中用ブッシング，ガス中－油中用ブッシングのガス中に使用されるブッシングに限る）

e) 最高使用ガス圧力（**3.2.6** に示されたガス封入ブッシング及び **3.3.2**，**3.3.5**，**3.3.6** に示された気中－

ガス中用ブッシング，ガス中－ガス中用ブッシング，ガス中－油中用ブッシングのガス中に使用されるブッシングに限る）

f） 据付角度（**4.9** で指定した角度を超過する場合に限る）

g） 耐震条件（仕様の要求がある場合に限る）

h） 塩汚損・じんあい汚損の対策として，例えば活線洗浄のような対策を施す必要がある場合

i） その他，**5.2** で示された特殊使用状態に適合するもの

6.2 表示

6.2.1 銘板記載事項

ブッシングに取り付ける銘板には次の項目を記載すること。

a） 形式

b） 定格電圧

c） 定格電流

d） 定格周波数

e） 定格短時間耐電流

f） 商用周波耐電圧

g） 雷インパルス耐電圧

h） 開閉インパルス耐電圧

i） 規格番号

j） 塩分付着密度[a]

k） 製造年（西暦）

l） 製造番号

m）定格ガス圧力（ガス封入ブッシング）

n） 最低保証ガス圧力（ガス封入ブッシング）

o） 製造業者

p） 質量（内部に絶縁物が封入されている場合は，絶縁物の質量を含む）

q） 最大据付角度

注記 1 定格電圧 34.5 kV 以下の単一形ブッシングは銘板を省略してもよい。この場合は少なくとも製造業者・雷インパルス耐電圧・定格電流をブッシングの見やすい部分に表示する。

注記 2 機器の一部とみなされ，かつ，その機器において前記の記載事項が確認できるものについては，当該機器の銘板にて代用してもよいものとする。

注記 3 **d**），**e**），**f**），**h**），**m**），**n**）は特に必要な場合に記入する。

注記 4 **p**）は質量が 100 kg（内部に絶縁物が封入されている場合は，絶縁物の質量を含む）を超過する場合に記入する。

注記 5 **q**）は垂直から 30° を超え，かつ当事者間の協議により角度が指定された場合に記入する。

注[a] がい管呼称を示す。

6.2.2 銘板の材質・取付け

銘板は，ステンレス又はクロームめっきを施した黄銅製又は同等品で，見やすい位置に，振動その他により緩まないように取り付け，記載事項が長期間明瞭でなければならない。また固定用ビスは，長期間さびないものとする。

7　試験

7.1　一般事項

製造業者は要求があれば詳細な形式試験成績書を提出しなければならない。

要求があれば，製造業者は運転時の機器構成において，ブッシングの接地電位部に対する充電部位，又はブッシング充電部位に対する接地部位の最小離隔距離に関する情報を提供しなければならない。

新製ブッシングに適用する試験電圧値は **4.6** に示しているが，使用に供したブッシングの試験電圧値は**表 6** に示される値の 75 %に低減する。また，長時間交流耐電圧試験を行う場合は**表 6** の長時間の試験電圧値とし，継続時間は 1 時間とする。

7.2　試験の種類

7.2.1　形式試験

a)　構造検査
b)　密封試験
c)　絶縁抵抗試験
d)　誘電正接及び静電容量試験
e)　商用周波耐電圧試験（乾燥・注水）
f)　雷インパルス耐電圧試験
g)　開閉インパルス耐電圧試験（乾燥・注水）
h)　電圧測定端子及び試験用端子の耐電圧試験
i)　部分放電試験
j)　熱安定性試験
k)　温度上昇試験
l)　加熱試験
m)　短時間耐電流試験
n)　耐荷重試験
o)　内部にガス圧力がかかるブッシングの内部圧力試験
p)　外部圧力試験
q)　人工汚損交流耐電圧試験
r)　可視コロナ試験（乾燥・注水）
s)　がい管の試験

注記　形式試験は，そのブッシングがこの規格に規定する品質水準を有するか否かを検証するために行うもので，材質・構造及び性能に変化のない限り，1 回限り行うことを原則とする。

7.2.2　ルーチン試験

a)　構造検査
b)　密封試験
c)　絶縁抵抗試験
d)　誘電正接及び静電容量試験
e)　商用周波耐電圧試験
f)　電圧測定端子及び試験用端子の耐電圧試験
g)　部分放電試験
h)　内部にガス圧力がかかるブッシングの内部圧力試験

i) 支持金具及び取付用部品の密封試験

j) がい管の試験

注記 1 ルーチン試験は製品の受渡しに際し全数について行う。

注記 2 ルーチン試験における雷インパルス試験については，当事者間の協議により **IEC 60137**：2017 に規定される値にて試験を実施してもよい。

7.2.3 参考試験

参考試験は，当事者間の協議により合意がなされた場合に実施される。

a) 電磁両立性（EMC）試験

1) 主回路の電磁放射試験（ラジオ障害電圧の測定）

JEC-2390：2013 の **9.7** による。

2) イミュニティ試験

ブッシングについては一般的にサージによる誤動作が懸念されるような機器ではないことから，不要とする。

7.3 試験時のブッシングの状態

試験時のブッシングの状態は，次による。

a) 全ての試験期間中，周囲大気及び充塡媒体の温度は常温にて行う。絶縁及び熱的試験はフランジ又は固定器具及び実使用時に装着される全ての附属品（保護ギャップは除く）が装着された状態で実施する。試験用端子及び電圧測定端子は接地するか，接地電位に近い状態に保持しておく。

b) **3.2.5.1** に示された油入ブッシングは，製造業者が品質を保証する絶縁油を標準レベルに充塡しておく。

c) **3.2.6** に示されたガス封入ブッシングは製造業者が指定する種類のガスを **3.5.10** で示すガス圧力（20 ℃換算値）にて封入しなければならない。試験開始時の温度が 20 ℃でない場合には，しかるべき値に調整しておく。

d) **3.3.1**，**3.3.2**，**3.3.4**，**3.3.5**，**3.3.6** に示された気中－油中用ブッシング，気中－ガス中用ブッシング，油中－油中用ブッシング，ガス中－ガス中用ブッシング及びガス中－油中用ブッシングは，通常どおりに絶縁媒体（極力通常の運転時に使用されるものと類似のもの）に浸されていること。その他の媒体を使用する場合については，当事者間の協議とする。特にガス絶縁開閉装置，変圧器に使用されるブッシングについては，ガス絶縁開閉装置や変圧器側の隣接する金属部分の模擬が必要な場合，このような試験も事前に当事者間の協議とする。

e) **7.2.2** のルーチン試験における絶縁に関する規定の試験は内部絶縁性能のみを確認することになるが，一端が気中で使用されるブッシングは外部コロナを防止するためのシールドリングを取り付けて試験してもよい。

f) ブッシングは通常，大気中や充塡媒体を介して周囲の接地電位部分へせん絡することを避けるため，これらと十分な距離をとって試験を実施すること。

g) ブッシングは支持金具部を接地電位又はこれに近い状態に保持して試験を実施すること。

h) 商用周波注水耐電圧試験及び開閉インパルス注水耐電圧試験におけるブッシングの据付角度については，一般的に水切かさの状態として最も過酷条件と考えられる垂直状態での試験を基本とし，使用状態によりこれと異なる場合は，当事者間の協議による合意が必要である。

i) 絶縁試験の開始前に，絶縁物は清掃，乾燥し，また温度を周囲温度と同等にしておくこと。

j) 大気条件に対する補正は，**JEC-0201**-1988 及び **JEC-0202**-1994 による。

8　形式試験

試験順序，組合せについては製造業者により決定する。ただし，雷インパルス耐電圧試験は商用周波耐電圧試験よりも前に行うものとする。耐電圧試験の前後には絶縁抵抗測定，及びコンデンサブッシングに対しては誘電正接測定，静電容量測定を行い，試験による異常発生の有無を確認する。商用周波耐電圧試験の実施時（長時間耐電圧試験の場合）に部分放電試験を兼ねて実施してもよいこととする。ただし，部分放電試験は他の絶縁耐力試験の最後の試験項目として行うことが望ましい。

8.1　構造検査

8.1.1　外観検査

がい管部の検査は **8.19** による。その他の部分についても有害な欠陥の有無を検査する。

8.1.2　寸法検査

ブッシング各部の寸法を測定し製造業者の図面と相違していないことを確認する。

8.2　密封試験

8.2.1　液体封入ブッシングの密封試験

8.2.1.1　適用範囲

全ての液体封入ブッシングに適用する。

8.2.1.2　試験方法

試験方法は次のいずれか一つによる。

a)　ブッシングを通常の使用状態に組み立て，液体絶縁物を充塡後，最高使用圧力の 2 倍の圧力を可能な限り速やかに，ブッシングの内部に加え，少なくとも 12 時間持続しなければならない。
内部にベローズを有するブッシングの圧力については，当事者間の協議による。

b)　共油形のブッシングは，常温大気中において，ブッシング内部に絶縁油が充満するように容器に取り付け，ゲージ圧 100 kPa を 12 時間加える。

注記　共油形のブッシングとは，内部の絶縁に要する油を変圧器側の油と区分せず共用するブッシングのことを示す。

c)　圧力媒体として適当なガスを用いてもよい。この場合の試験圧力は絶縁油を用いるときと同一とする。試験時間は 15 分間とする。

8.2.1.3　合否の判定

試験によって漏れが認められないことをもって合格とする。

8.2.2　ガス封入ブッシングの密封試験

8.2.2.1　適用範囲

全てのガス封入ブッシングに適用する。

注記　ガス絶縁開閉装置と一体の部分をなすもので，その組立てを現地で行うガス絶縁ブッシングに関しては，ブッシング組立品の気密試験を，各気密組立部分の気密試験にて完了する各部品に対する気密試験で代替することが許容される。この気密組立部分の組立ての方法については当事者間の協議による合意が必要である。

8.2.2.2　試験方法

ブッシングは通常の使用状態に組み立てられ，ガスは定格圧力で充塡する。ブッシングを包みの中，例えばプラスチック製の袋で覆い，包みの中にある空気中のガス濃度を測定する。なお，当事者間の協議による合意があれば，ガスは定格ガス圧力以上を充塡し試験を実施してもよい。また，漏れ検出についても当事者間の協議による合意があれば，代替方法を用いてもよい。それぞれの部品について有益と考えられる方法で予備的な気密試験を実施することを推奨する。

8.2.2.3　合否の判定

1年当たりに換算されたガスの漏れ量が，使用状態のブッシングの内部に含まれるガス量の 0.5 vol％以下になることをもって合格とする。

8.3　絶縁抵抗試験

ブッシングの中心導体又は中心パイプと支持金具の間の絶縁抵抗値を，絶縁抵抗計を用いて測定し，製造業者の保証値以上であること。

8.4　誘電正接及び静電容量試験

8.4.1　適用範囲

全てのコンデンサブッシングに適用する。

8.4.2　試験方法

試験中はブッシングの導体に電流を流さないものとする。測定は，シェーリングブリッジ又は類似の装置を使って実施する。試験電圧は，少なくとも次に掲げたものを含む。

a)　定格電圧（U_m）が 34.5 kV 以下のブッシングについては $1.05U_m/\sqrt{3}$

b)　定格電圧（U_m）が 69 kV 以上のブッシングについては $1.05U_m/\sqrt{3}$ 及び U_m

測定は商用周波乾燥耐電圧値を超える電圧では行わないものとする。高抵抗コーティング（導電釉など）を用いるがい管を有するため完成体では誘電正接の測定ができないものについては，がい管を組み込む前のコンデンサコア単体で誘電正接を測定してもよい。

8.4.3　合否の判定

誘電正接の値及び電圧に対する誘電正接の増加量の許容値は**表 10** のとおりである。値が許容値を超過している場合には，1時間待ってから再試験してもよいものとする。

表 10 — 誘電正接の許容最大値と増加量

ブッシング種類	誘電正接の許容値	
	$1.05U_m/\sqrt{3}$ での値	$1.05U_m/\sqrt{3}$ ～ U_m 間の増加量 a)
油浸紙コンデンサブッシング	0.007 以下	0.001 以内
レジン含浸紙コンデンサブッシング	0.007 以下	0.001 以内
レジン塗工紙コンデンサブッシング	0.015 以下	0.004 以内
レジン含浸合成繊維コンデンサブッシング	0.007 以下	0.001 以内
その他	製造業者により指定する。	
注記　静電容量は耐電圧試験前後で試験を行い，その値に著しい変化がないこと。この変化の許容量は製造業者の保証値とする。 **注 a)**　$U_m \leqq 34.5$ kV には適用しない。		

8.5　商用周波耐電圧試験

8.5.1　適用範囲

乾燥状態の試験は **3.3.1**，**3.3.2**，**3.3.3**，**3.3.4**，**3.3.5**，**3.3.6** に示される気中－油中用ブッシング，気中－ガス中用ブッシング，気中－気中用ブッシング，油中－油中用ブッシング，ガス中－ガス中用ブッシング及びガス中－油中用ブッシングに適用する。注水状態の試験は，**3.3.1**，**3.3.2**，**3.3.3** に分類されるもののうち，屋外で使用されるものに適用する。

8.5.2　試験方法

試験電圧は**表 6** のとおりとする。印加時間は短時間商用周波耐電圧試験では，定格周波数によらず乾燥耐電圧は 60 秒，注水耐電圧は 10 秒とする。長時間耐電圧試験については，**8.9** 部分放電試験に準じて試験を行う。ガス封入ブッシング，気中－ガス中用ブッシング，油中－ガス中用ブッシング及びガス中－ガス中用ブッシングの場合，ガス圧力は最低保証ガス圧力とする。印加電圧の波形，大気条件に対する試験電圧の補正及び注水試験における注水条件は，**JEC-0201**-1988 による。

8.5.3　合否の判定

ブッシングは耐電圧試験に対してフラッシオーバ又は貫通があってはならない。印加電圧の波形，大気条件に対する試験電圧の補正は **JEC-0201**-1988 による。

注記　変圧器に使用するブッシングの試験電圧は，使用者より特に指定のある場合は，当事者間の協議により **IEC 60137**：2017 にて規定される値を採用してもよい。

8.6　雷インパルス耐電圧試験

8.6.1　適用範囲

3.3.1，**3.3.2**，**3.3.3**，**3.3.4**，**3.3.5**，**3.3.6** に示される気中－油中用ブッシング，気中－ガス中用ブッシング，気中－気中用ブッシング，油中－油中用ブッシング，ガス中－ガス中用ブッシング及びガス中－油中用ブッシングに適用する。

8.6.2　試験方法

ブッシングをできるだけ平らな取付部を有する容器に取り付け，支持金具を接地し乾燥状態で，中心導体又は中心パイプに**表 6** に規定した試験電圧（正及び負の電圧を各 5 回）を印加する。ガス封入ブッシング，気中－ガス中用ブッシング，油中－ガス中用ブッシング及びガス中－ガス中用ブッシングの場合，ガス圧力は最低保証ガス圧力とする。

8.6.3　合否の判定

ブッシングは耐電圧試験に対して次の異常を生じないこと。

a)　連続した 5 回の印加において，1 回も気中部のフラッシオーバを生じないこと。5 回のうち 1 回気中部のフラッシオーバを生じた場合は，更に引き続き 5 回の印加を連続で繰り返し，このうち 1 回も気中部のフラッシオーバを生じないこと。また，許容される気中せん絡により損傷しないこと。

b)　絶縁油などの空気以外の絶縁媒体に浸る部分に，フラッシオーバを生じないこと。

c)　貫通を生じないこと。

印加電圧の波形，大気条件に対する試験電圧の補正は，**JEC-0202**-1994 による。

注記　変圧器に使用するブッシングの試験電圧及び回数は，使用者より特に指定のある場合は，当事者間の協議により **IEC 60137**：2017 にて規定される値を採用してもよい。

8.7　開閉インパルス耐電圧試験

8.7.1　適用範囲

乾燥状態の試験は **3.3.1**，**3.3.2**，**3.3.3**，**3.3.4**，**3.3.5**，**3.3.6** に示される気中－油中用ブッシング，気中－ガス中用ブッシング，気中－気中用ブッシング，油中－油中用ブッシング，ガス中－ガス中用ブッシング及びガス中－油中用ブッシングのうち，定格電圧が 195.5 kV 以上のものに適用する。

注水状態の試験は，**3.3.1**，**3.3.2**，**3.3.3** に分類されるもののうち，屋外で使用される定格電圧が 195.5 kV 以上のものに適用する。

ただし類似形式品の耐電圧試験結果がある場合，当事者間の協議による合意があれば，試験を省略することができる。

8.7.2　試験方法

ブッシングをできるだけ平らな取付部を有する容器に取り付け，支持金具を接地し乾燥状態及び注水状態で，中心導体又は中心パイプに**表 6** に規定した試験電圧（正及び負の電圧を各 5 回）を印加する。ガス封入ブッシング，気中－ガス中用ブッシング，油中－ガス中用ブッシング及びガス中－ガス中用ブッシングの場合，ガス圧力は最低保証ガス圧力とする。

8.7.3　合否の判定

ブッシングは耐電圧試験に対して次の異常を生じないこと。

a)　連続した 5 回の印加において，1 回も気中部のフラッシオーバを生じないこと。5 回のうち 1 回気中部のフラッシオーバを生じた場合は，更に引き続き 5 回の印加を連続で繰り返し，このうち 1 回も気中部のフラッシオーバを生じないこと。また，許容される気中せん絡により損傷しないこと。

b)　絶縁油などの空気以外の絶縁媒体に浸る部分に，フラッシオーバを生じないこと。

c)　貫通を生じないこと。

印加電圧の波形，大気条件に対する試験電圧の補正は，**JEC-0202**-1994 による。

注記　変圧器に使用するブッシングの試験電圧及び回数は，使用者より特に指定のある場合は，当事者間の協議により **IEC 60137**：2017 にて規定される値を採用してもよい。

8.8　電圧測定端子及び試験用端子の耐電圧試験

8.8.1　適用範囲

試験用端子，電圧測定端子を保有するブッシングに適用する。

8.8.2　試験方法

試験は次のいずれかの試験方法で実施する。

a)　加圧法

次の耐電圧試験を全ての端子について実施すること。

1)　試験用端子

支持金具との接続を外し，この間に 50 Hz 又は 60 Hz の商用周波電圧 2 kV を 1 分間印加する。

2)　電圧測定端子

ブッシングの支持金具を接地し，電圧測定端子に次の 50 Hz 又は 60 Hz の電圧を 1 分間印加する。

$$\text{印加電圧} = 2\,000 + \sqrt{3}\frac{V_t}{V_R}E \quad (\mathrm{V})$$

V_t：電圧測定端子がブッシングの運転中に使用される電圧（V）

V_R：ブッシングの定格電圧（V）

E ：ブッシングの商用周波試験電圧（V）

この試験の後，誘電正接と対地静電容量の測定を 100 ～ 1 000 V 程度で実施する。

b)　誘導法

電圧測定端子を開放した状態で **8.5** の商用周波耐電圧試験（乾燥状態）を実施し，端子に主静電容量と分圧静電容量との比に応じて電圧を発生させる。

8.8.3　合否の判定

フラッシオーバ又は貫通が発生しなければ，試験合格とする。試験用端子について，誘電正接と静電容量の値は **4.11** の変圧器用ブッシングの試験用端子に従うこと。

8.9　部分放電試験

8.9.1　適用範囲

単一形を除いた定格電圧 195.5 kV 以上の全てのブッシングに適用する。

8.9.2　試験方法

試験電圧は**表 6** のとおりとし，**図 1** の方法で印加し，電圧印加中に部分放電測定を実施する。**8.5** の商用周波耐電圧試験と兼ねる場合は，乾燥状態にて実施する。試験方法については，**JEC-0401**-1990 による。ガス封入ブッシング，気中－ガス中用ブッシング，油中－ガス中用ブッシング及びガス中－ガス中用ブッシングの場合，ガス圧力は最低保証ガス圧力とする。

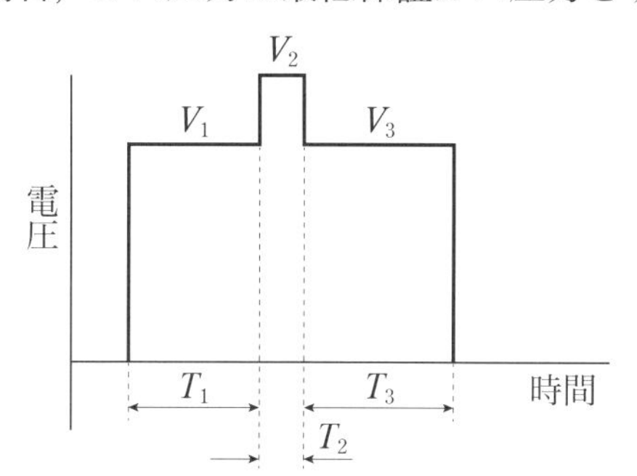

V_1，V_2，V_3 ：**表 6** による。
T_1，T_2，T_3 ：適用機器の規格に準ずる。
壁貫きなど単独で使用される場合は
当事者間の協議による。

図 1 — 部分放電試験電圧印加パターン

注記 1　ここで規定されていない定格電圧の機器についても，適用機器の関連規格により要求される場合には，そこで規定される性能を有する必要がある。

注記 2　固体絶縁ブッシング（ダイレクトモールド形）の試験は製造上発生し得る樹脂内の欠陥の発見を目的とすることから，気中部に電界緩和シールドを取り付けるなど対象外の部位に対するノイズ発生防止の処置を行ってよい。また，195.5 kV 未満の試験は，当事者間の協議によって実施することとし，試験条件については **JEC-3408**：2015 を参照してもよい。

8.9.3　合否の判定

部分放電測定において，部分放電が検出されないこととする。検出されないというのは雑音レベル以下ということであり，雑音レベルは 10 pC 以下であることが望ましい。ただし，10 pC を超える雑音が明らかに外部雑音と判断可能な場合はこの限りではない。

8.10　熱安定性試験

8.10.1　適用範囲

3.2.8 に規定されるコンデンサブッシングのうち，定格電圧が 161 kV 以上のもので，使用温度が 60 ℃以上となる絶縁媒体に浸して使用されるブッシングに適用する。

8.10.2　試験方法

ブッシングを使用状態と同じ条件で取り付ける。すなわち大気中で使用する部分は大気中で，絶縁油などの絶縁媒体に浸して使用する部分はその媒体に浸して試験し，かつ，使用時に 60 ℃以上となる絶縁媒体の温度は 85±2 ℃に保持する。試験中にブッシングには通電しない。ブッシング各部の温度が平衡に達した後に，ブッシングの中心導体又は中心パイプに定格電圧の 0.8 倍の電圧を印加し，誘電正接を測定する。

8.10.3　合否の判定

試験状態で測定した誘電正接の値の変化量が，5 時間で 0.0002 を超えない状態をもって試験合格とする。

8.11　温度上昇試験

8.11.1　適用範囲

全てのブッシングに適用する。ただし類似形式品の温度上昇試験結果と同等であることが証明できるものは，当事者間の協議による合意があれば適用外とする。

8.11.2　試験方法

a)　**3.3.1, 3.3.4, 3.3.6** に示されるような片方又は両方の終端接続部が油又は絶縁液体に浸されるブッシングは，大気の周囲温度に 60 K ± 2 K を加えた絶縁液体中において試験を実施する。

注記　発電機用変圧器など，変圧器の最高油温を **JEC** 規格に定める限度以下に制限している変圧器用の場合には，当事者間の協議により油の温度上昇値を 60 K から低減することができる。

b)　中心導体がパイプ式のブッシングは，定格電流に相当する断面積の導体を用いて試験をする。変圧器油とブッシングの油が分けられていない場合は，変圧器の外に出る部分の 3 分の 1 よりも上が油に浸されない条件で試験を行う。

c)　終端が大気圧の空気以外の絶縁気体中に封入し用いられるブッシングは，**3.5.10** で定義される定格圧力のガス中にて試験する。試験開始時のガス温度は周囲温度と同じにする。なお，当事者間の協議による合意があれば，ガスは定格ガス圧力以下にて試験を実施してもよい。

d)　ガス封入ブッシングでは試験開始時のガス温度を周囲温度と同じにする。

e)　適切な数の熱電対，又は他の測定器を用いて，ブッシングの導体，中心パイプ又は他の電流を流す部分に沿うフランジ部や固定部品などに配置することで，**4.5** に示す温度上昇限度に関連する部位の温度を測定する。測定に当たっては測定器を絶縁物などで覆い，温度を正確に示せるようにする。なお，中心導体の表面など接触部，導体接続部以外の SF_6 ガス及び油に接する金属部分は構造的に最高温度にならないため，温度測定は不要とする。

f)　周囲空気温度は，ブッシングの中間の高さにおいて，1 m から 2 m 離れた空気中で測定する。なお，周囲温度の値は，試験期間の最後の 1/4 期間に，等間隔で少なくとも 3 回以上測定した平均値とする。

g)　ガス中，油中で使用されるブッシングの外部絶縁媒体であるガス，絶縁油の温度は，ブッシングから 30 cm 離れた位置で測定する。また絶縁油の場合は，ブッシングから 30 cm 離れ，かつ，絶縁油面から 3 cm 以上下部にて測定する。

h)　試験は定格周波数において，定格電流±2 %以内で，かつ，ブッシング全体が接地電位となっている条件で実施する。

i)　試験で一時的に用いる接続線は，ブッシングの温度を下げる効果を示さないよう寸法を設定しなければならない。なお，端子から 1 m 以内の各部の温度上昇と端子の温度上昇との差が 5 K 以内になるように調整する。

j)　試験は，温度上昇値が 1 時間で±1 K 以上変化しなくなった時点をもって終了とする。

k)　周囲を絶縁材料で覆われ，直接，温度を計測することが困難な導体を有するブッシングの場合の最高温度は，当事者間の協議により定める計算手法を用いて算出する。

8.11.3　合否の判定

試験中及びその後に明らかな損傷が見られないこと，及び **4.5** に示す基準に合うことが合格条件となる。

8.12　加熱試験

8.12.1　適用範囲

使用温度が 60 ℃以上となる絶縁媒体に浸して使用されるブッシングに適用する。

8.12.2　試験方法

ブッシングが使用状態で 60 ℃以上となる媒体に浸される部分を，100 ℃以上の熱油に浸し，ブッシングの表面温度が一定となるまで放置する。熱油の代わりに 100 ℃以上の空気を用いてもよい。

8.12.3　合否の判定

試験中及びその後において，がい管の亀裂や油漏れなどの異常を生じないこと。

8.13　短時間耐電流試験

8.13.1　適用範囲

全てのブッシングに適用する。

8.13.2　試験方法

定格短時間耐電流を 2 秒間通電するか，次の計算を行い評価する。

所定の定格短時間耐電流値（I_{th}）におけるブッシングの温度上昇は次の式で計算される。

$$\theta_f = \theta_0 + \alpha \frac{I_{th}^2}{S_t \times S_e} \times t_{th}$$

θ_f：ブッシングの中心導体温度（℃）

θ_0：周囲温度 40 ℃，定格電流におけるブッシングの中心導体の温度（℃）

α　：銅では 0.8 (K/s)/(kA/cm^2)^2，アルミニウムでは 1.8 (K/s)/(kA/cm^2)^2

t_{th}：通電時間（s）

I_{th}：定格短時間耐電流値（kA）

S_e：表皮効果を考慮した導体の等価断面積（cm^2）

S_t：定格電流に相当する導体断面積（cm^2）

他の物質における α は次の式から求める

$$\alpha = \frac{\rho}{c \times \delta}$$

ρ　：中心導体の抵抗率（μΩ・cm）

c　：中心導体の比熱（J/(g・℃)）

δ　：中心導体の密度（g/cm^3）

ρ，c，δ は平均温度 160 ℃における値であること。

断面が直径 D（cm）の円形の導体においては，表皮効果を考慮した断面積を考える必要がある。導体中表皮効果によって電流が流れる部分の厚さ d は次の式から算出される。

$$d = \frac{1}{2\pi} \times \sqrt{\frac{\rho \times 10^3}{f}} \quad \text{(cm)}$$

f は定格周波数（Hz）である。

以上から，

$$S_e = \pi d (D - d)$$

となる。

8.13.3　合否の判定

定格短時間耐電流を 2 秒間通電する場合は，目視にて機械的損傷及び定格電流の通電に影響するような異常がないことを確認する。

計算式による評価を行う場合は，θ_f が 180 ℃以下であること。

8.14　耐荷重試験

8.14.1　曲げ耐荷重試験

8.14.1.1　適用範囲

全てのブッシングに適用する。

8.14.1.2　試験方法

ブッシングを支持金具で固定し，頭部端子に，**4.8** に規定した条件，方法で計算して求まる頭部換算曲げ荷重を，中心導体又は中心パイプに対して，直角方向に連続 1 分間加える。密封構造のブッシングでは，内部に 70 kPa の圧力を加えて試験する。最大使用圧力が 70 kPa を超える場合にはその圧力とする。

8.14.1.3　合否の判定

ブッシングはがい管の破損，亀裂の発生及び内部充填媒体漏れなどの異常を生じてはならない。

8.14.2　耐震試験

8.14.2.1　適用範囲

定格電圧 161 kV 以上の少なくとも一端が気中で使用されるブッシングに適用する。

8.14.2.2　試験方法

a)　試験

1)　変圧器用ブッシング

ブッシングを**附属書 B** に示す耐震試験用ポケットに取り付け，ポケット下端に **4.8** に規定した地震力を突印する。取付角度が鉛直から 30° を超えて使用されるブッシングの試験方法は当事者間の協議による。

2)　その他の機器に使用されるブッシング

試験条件は **1)** を参考にして当事者間の協議により決定する。

3)　建物に設置して使用される気中－気中用ブッシング

試験条件は設置する建物の条件を考慮して当事者間の協議により決定する。

b)　計算

a) のそれぞれの試験配置をモデル化した振動系について，**4.8** に規定した地震力を突印して，応答解析計算を行う。

8.14.2.3　合否の判定

加振試験又は計算を行い異常なく耐えることが検証されなければならない。異常なく耐えるとは，がい管の破損，亀裂の発生などのブッシングとしての機能を損なうことがないことをいう。ただし，センタークランプ方式ブッシングの場合には，漏油が生じても油面が確認でき，その後において漏油が継続しないことをいう。

8.15　内部にガス圧力がかかるブッシングの内部圧力試験

8.15.1　適用範囲

定格ガス圧力が 0.05 MPa 以上の全てのガス封入ブッシングに適用する。

8.15.2　試験方法

ブッシングに組み立てる前のがい管単体に適切な気体又は液体の媒体を封入し，徐々に圧力を加えて**表 11** に示す圧力まで連続的に上昇し，5 分間保持すること。媒体の種類の選択は製造業者により指定する。

それ以外の使用状態において圧力の加わる部分は最高使用圧力に十分耐えるよう，所定の基準に基づいて製作されなければならない。

表 11 — 試験時に印加する圧力

がい管の種類	印加圧力
磁器がい管	最高使用ガス圧力の 4.25 倍
ポリマーがい管	最高使用ガス圧力の 4 倍

注記　所定の基準とは，経済産業省令 **“電気設備に関する技術基準を定める省令”** などをいう。

8.15.3　合否の判定

各部に亀裂や変形などの損傷が生じないこと。金属製構成部品には，亀裂や変形などの損傷が認められなければ，試験圧力印加時に降伏点又は耐力以上の応力がかかっても問題はないものとする。

8.16　外部圧力試験

8.16.1　適用範囲

気中－ガス中ブッシング，ガス中－ガス中ブッシング及び油中－ガス中ブッシングに適用する。

8.16.2　試験方法

8.2 の密封試験の前に実施すること。ブッシングは必要でない限り内部にガスを充塡せずに試験を行う。周囲温度における通常の状態において，封入される側をガスタンクに据え付ける。タンク内には適切な媒体を充塡する。通常時に外部から加わる最大圧力の 1.5 倍を 1 分間加えて試験を行う。

8.16.3　合否の判定

機械的な損傷（わい曲，破断）が見受けられないことをもって合格とする。

8.17　人工汚損交流耐電圧試験

8.17.1　磁器ブッシングの人工汚損交流耐電圧試験

8.17.1.1　適用範囲

全ての磁器ブッシングに適用する。なお，試験は，がい管単体で実施してもよい。

8.17.1.2　試験方法

JEC-0201-1988 による。ただし，人工汚損交流耐電圧試験の汚損条件については，次のとおりとする。

汚損液は**表 12** に示す目標汚損度に応じて NaCl 及びとの粉量を調整し，水と混ぜ合わせて生成する。NaCl は並塩を用いる。

注記 1　との粉は **IEC 60507**：2013 に規定されている。

注記 2　汚損度とは，汚損液の塗布を行い，課電直前にがいし表面に残存している汚損物の付着密度とする。

注記 3　目標汚損度としては，想定最大の ESDD：0.005，0.01，0.03，0.06，0.12，0.35 mg/cm^2 を基本とする。

表 12 — 目標汚損度

項目	目標汚損度 [a]
塩分付着密度（SDD）	想定最大の等価塩分付着密度（ESDD [b]）
不溶性物質付着密度（NSDD [c]）	目標との粉付着密度　0.1 mg/cm^2

注 [a]　測定汚損度（平均値）は，目標汚損度の±15 %以内とする。
[b]　ESDD は，がい管の外被に付着した溶解性物質の導電率を全て NaCl に換算した場合の付着密度である。
[c]　NSDD は，がい管の外被に付着するじんあいなどの不溶解性物質の付着密度である。

8.17.1.3　合否の判定

次のいずれかを満たした場合，試験に合格したものとする。

a)　定印霧中耐電圧試験の場合

4 回の試験に耐えた最高の電圧を耐電圧とし，人工汚損商用周波試験電圧値を満たすこと。

b)　等価霧中試験の場合

1)　5 %フラッシオーバ電圧が，人工汚損商用周波試験電圧値を満たすこと。

2)　設計漏れ距離 /4 回耐電圧及び 5 %フラッシオーバ電圧（mm/kV）を算出し，**表 13** に示す 1 kV 当たりの漏れ距離以下であること。

注記 塩害地区仕様（SDD 0.005 mg/cm^2 超過）の場合，胴径依存性を考慮したSDD（胴径補正曲線（B曲線），補正係数 $0.5 + 6.93D^{-0.5522}$（D：平均直径））を用いることとし，次のいずれかの方法にて胴径補正後の4回耐電圧及び5％フラッシオーバ電圧を算出し，評価すること。

・胴径補正後の4回耐電圧及び5％フラッシオーバ電圧をESDDの −0.2乗則から算出する。

・複数の目標汚損度（SDD）にて4回耐電圧及び5％フラッシオーバ電圧が取得可能な場合は，その回帰曲線から，胴径補正後の4回耐電圧及び5％フラッシオーバ電圧を算出する。

表13 — 期待される1 kV当たりの漏れ距離の近似式

区分		塩分付着密度 mg/cm^2	近似式 a)
定格電圧195.5～1 100 kVの平均直径250 mm超及び161 kV以下	一般地区 b)	0.005	$L/E = -0.0000168D^2 + 0.0421D + 11.18$
	塩害地区	0.03	$L/E = -0.0000173D^2 + 0.0547D + 18.04$
		0.06	$L/E = -0.0000363D^2 + 0.0801D + 18.82$
		0.12	$L/E = -0.0000370D^2 + 0.0864D + 23.23$
		0.35	$L/E = -0.0000504D^2 + 0.1119D + 27.46$
定格電圧195.5～1 100 kVの平均直径250 mm以下	一般地区 b)	0.005	$L/E = -0.0000184D^2 + 0.0467D + 12.39$
	塩害地区	0.03	$L/E = -0.0000192D^2 + 0.0607D + 20$
		0.06	$L/E = -0.0000403D^2 + 0.0888D + 20.87$
		0.12	$L/E = -0.0000410D^2 + 0.0958D + 25.76$
		0.35	$L/E = -0.0000560D^2 + 0.1243D + 30.51$

注 a) 1 kV当たりの所要漏れ距離：L/E（mm/kV），D：平均直径（mm）とする。
b) 目標汚損度0.01 mg/cm^2 で試験をする場合における期待される1 kV当たりの漏れ距離の近似式は次とする。
定格電圧195.5～1 100 kVの平均直径250 mm超及び161 kV以下：$L/E = -0.0000195D^2 + 0.0495D + 13.15$
定格電圧195.5～1 100 kVの平均直径250 mm以下：$L/E = -0.0000216D^2 + 0.0549D + 14.18$

8.17.2 ポリマーブッシングの人工汚損交流耐電圧試験

8.17.2.1 適用範囲

全てのポリマーブッシングに適用する。なお，試験は，がい管単体で実施してもよい。

8.17.2.2 試験手順

附属書Eによる。

8.17.2.3 合否の判定

附属書Eによる。

8.18 可視コロナ試験（乾燥・注水）

8.18.1 適用範囲

全てのポリマーブッシングに適用する。

8.18.2 試験方法

a) 乾燥可視コロナ試験

人工汚損商用周波試験電圧値まで電圧を印加し，可視コロナの有無を確認する。可視コロナが発生した場合は電圧を降下し可視コロナの消滅電圧を測定する。

b) 注水可視コロナ試験

JEC-0201-1988に示す注水条件にて注水を行った状態で，人工汚損商用周波試験電圧値まで電圧を印加して注水を停止し，外被表面の水滴が落ちなくなった後，可視コロナの有無を確認する。可視コロナが発生した場合は電圧を降下し可視コロナの消滅電圧を確認する。

注記 試験は暗室にて実施し，光学的手法により可視コロナの発生有無を測定する。

8.18.3　合否の判定

次のいずれかを満たした場合，試験に合格したものとする。

a)　人工汚損商用周波試験電圧値で可視コロナが発生しないこと。

b)　定格電圧に対する対地電圧以上にて可視コロナが消滅すること。

8.19　がい管の試験

8.19.1　磁器がい管の試験

附属書 D による。

8.19.2　ポリマーがい管の試験

附属書 E による。

9　ルーチン試験

試験の順序，組合せは，製造業者の指定による。耐電圧試験による損傷の有無を確認するため，耐電圧試験の前後には絶縁抵抗測定，及びコンデンサブッシングに対しては誘電正接測定，静電容量測定を実施すること。商用周波耐電圧試験の実施時（長時間耐電圧試験の場合）に部分放電試験を兼ねて実施してもよいこととする。部分放電試験は最終の誘電正接測定の前に実施すること。

9.1　構造検査

8.1 に準じて行う。

9.2　密封試験

8.2 に準じて行うが，ガス封入ブッシングの合否判定については，1 年当たりに換算されたガスの漏れ量が，使用状態のブッシングの内部に含まれるガス量の 1 vol% 以下になることをもって合格とする。

9.3　絶縁抵抗試験

8.3 に準じて行う。

9.4　誘電正接及び静電容量試験

8.4 に準じて行う。

9.5　商用周波耐電圧試験

9.5.1　適用範囲

全ての種類のブッシングに適用する。

注記　変圧器に使用するブッシングの商用周波耐電圧試験の試験電圧は，使用者より特に指定のある場合は，当事者間の協議により **IEC 60137**：2017 にて規定される値を採用してもよい。

9.5.2　試験方法

試験電圧は**表 6** のとおりとする。乾燥状態において実施することとし，印加時間は短時間商用周波耐電圧試験では，定格周波数によらず 60 秒とする。長時間耐電圧試験については，**9.7** 部分放電試験に準じて試験を行う。ガス封入ブッシング，気中－ガス中用ブッシング，油中－ガス中用ブッシング及びガス中－ガス中用ブッシングの場合，ガス圧力は定格ガス圧力とする。

9.5.3　合否の判定

ブッシングは耐電圧試験に対してフラッシオーバ又は貫通があってはならない。印加電圧の波形，大気条件に対する試験電圧の補正は **JEC-0201**-1988 による。

9.6　電圧測定端子及び試験用端子の耐電圧試験

8.8 に準じて行う。

9.7　部分放電試験

9.7.1　適用範囲

単一形を除いた定格電圧 195.5 kV 以上の全てのブッシングに適用する。

9.7.2　試験方法

部分放電試験は **8.9** に準じて実施するが，乾燥状態において印加パターンは**図 2** の印加パターンに従うものとする。ガス封入ブッシング，気中－ガス中用ブッシング，油中－ガス中用ブッシング及びガス中－ガス中用ブッシングの場合，ガス圧力は定格ガス圧力とする。

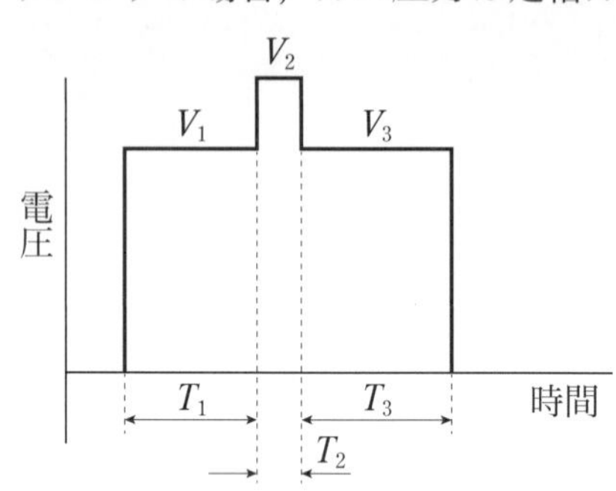

V_1，V_2，V_3：**表 6** による。
T_1，T_2，T_3：適用機器の規格に準ずる。
壁貫きなど単独で使用される場合は当事者間の協議による。

図 2 — 部分放電試験電圧印加パターン

9.7.3　合否の判定

部分放電測定において，部分放電が検出されないこととする。検出されないというのは雑音レベル以下ということであり，雑音レベルは 10 pC 以下であることが望ましい。ただし，10 pC を超える雑音が明らかに外部雑音と判断可能な場合はこの限りではない。

9.8　内部にガス圧力がかかるブッシングの内部圧力試験

9.8.1　適用範囲

定格ガス圧力が 0.05 MPa 以上の全てのガス封入ブッシングに適用する。

9.8.2　試験方法

8.15 に準じて，がい管単体に適切な液体の媒体を封入し，徐々に圧力を加えて**表 14** に示す圧力まで連続的に上昇し，1 分間保持すること。

表 14 — 試験時に印加する圧力

がい管の種類	印加圧力
磁器がい管	最高使用ガス圧力の 3 倍
ポリマーがい管	最高使用ガス圧力の 2 倍

9.8.3　合否の判定

各部に亀裂や変形などの損傷が生じないこと。

9.9　支持金具及び取付用部品の密封試験

9.9.1　適用範囲

この試験は，開閉装置や変圧器などに部分的又は全体が浸漬して，密封機器として取り付けられるブッシングに適用する。

注記 1　この試験は，例えば変圧器用パイプ式ブッシングの気中端子とブッシング頭部間のガスケットのように，製造業者が最終的な取付けを行わないガスケットを有するブッシングについては，形式試験としてのみ実施する。

注記 2　ガス封入ブッシングについては，**9.2** を実施するため対象外とする。

注記 3　一体性の金属製支持金具が取り付けられた変圧器用ブッシングの場合，支持金具は事前に密封試験が課せられたものであり，ブッシングが形式試験に合格するか，又は浸漬される端部にガスケットが含まれていないものであれば，この試験を省略することができる。

9.9.2　試験方法

ブッシングは，試験をする上で最低限必要な状態に組み立てておき，浸漬する端部を周囲温度下で通常の使用状態のようにタンクに取り付けるものとする。

油に浸漬するブッシングについては，タンクは相対圧力 150 kPa の空気又は適切なガスを充填して 15 分間持続するか，又は相対圧力 100 kPa の油を充填して 12 時間持続する。

ガスに浸漬するブッシングについては，タンクは周囲温度下で最大使用圧力のガスを充填し，ブッシングの外側部分は必要箇所を袋で覆うものとする。液体を入れるブッシングは，空にしてガスが自由に循環するための開口部を設け，全体を袋で覆うものとする。袋内の空気中のガス濃度を測定する。

9.9.3　合否の判定

油に浸漬するブッシングについては，目視で油漏れの形跡がないことをもって試験に合格したものとする。

ガスに浸漬するブッシングについては，次の条件を満たした場合，試験に合格したものとする。

・漏れたガスが周囲に直接放散するブッシングの全ての部分について，1 年間当たりに換算したガスの漏れ量が，隣接するガス絶縁開閉装置区画に含まれるガスの 1 vol%以下であること。

・液体を入れるブッシング，特に液体絶縁及び油浸紙ブッシングのように，漏れたガスがブッシングの中に侵入する全ての部分については，計算した総漏れ量は 0.05 Pa × cm^3/s × l 以下であること。ここで“l”はリットルで表したブッシング内部の液体の量である。

・他端が油入変圧器用に設計され，漏れたガスが直接油入変圧器に侵入する全ての部分については，計算した総漏れ量は 10 Pa × cm^3/s 以下であること。ただし，当該部分についてガスが周囲に直接放散する部分も有するブッシングの場合は，その全ての部分について 1 年間当たりに換算したガスの漏れ量が，隣接するガス絶縁開閉装置区画に含まれるガスの 1 vol %以下であることを併せて満たすこと。

注記　ブッシングの構造は**附属書 I** による。

9.10　がい管の試験

9.10.1　磁器がい管の試験

附属書 D による。

9.10.2　ポリマーがい管の試験

附属書 E による。

附属書 A
（規定）
変圧器用ブッシングの取付方法

A.1　変圧器用単一形ブッシングの取付方法

表 A.1 に示す定格電圧，定格電流の範囲の変圧器用単一形ブッシングの取付寸法は，**図 A.1** 及び**図 A.2** で定義される各部の寸法が**表 A.2** 及び**表 A.3** の値によるものを標準とする。

表 A.1 — 適用範囲

定格電圧 kV	定格電流 A
6.9	400 以上　4 000 以下
11.5	400 以上　4 000 以下
23	400 以上　4 000 以下
34.5	400 以上　2 000 以下

表 A.2 — 変圧器用単一形ブッシング（パイプ式）の標準取付寸法

<table>
<tr><th rowspan="3">定格
電圧
kV</th><th rowspan="3">定格
電流
A</th><th colspan="4">油中側寸法</th><th colspan="4">取付フランジ</th><th colspan="2">引込みリード取付ねじ</th></tr>
<tr><th rowspan="2">L_1
mm</th><th rowspan="2">D_1
mm</th><th rowspan="2">D_m
（最大径）
mm</th><th rowspan="2">D_n
（最小径）
mm</th><th rowspan="2">D_0
mm</th><th colspan="3">ボルト穴</th><th rowspan="2">ねじ径 D_5
mm</th><th rowspan="2">有効長さ
L_5
mm</th></tr>
<tr><th>P
mm</th><th>直径
mm</th><th>個数
個</th></tr>
<tr><td rowspan="2">6.9</td><td rowspan="2">600</td><td>70</td><td rowspan="2">62</td><td rowspan="2">64.5</td><td rowspan="2">34</td><td rowspan="2">133</td><td rowspan="2">145</td><td rowspan="2">15</td><td rowspan="2">4</td><td rowspan="2">M20 × 1.5</td><td rowspan="2">30</td></tr>
<tr><td>170</td></tr>
<tr><td rowspan="2">11.5</td><td rowspan="2">600</td><td>70</td><td rowspan="2">70</td><td rowspan="2">72.5</td><td rowspan="2">37</td><td rowspan="2">143</td><td rowspan="2">160</td><td rowspan="2">15</td><td rowspan="2">4</td><td rowspan="2">M20 × 1.5</td><td rowspan="2">30</td></tr>
<tr><td>200</td></tr>
<tr><td rowspan="2">23</td><td rowspan="2">600</td><td>70</td><td rowspan="2">80</td><td rowspan="2">84.5</td><td rowspan="2">42.5</td><td rowspan="2">210</td><td rowspan="2">180</td><td rowspan="2">15</td><td rowspan="2">6</td><td rowspan="2">M20 × 1.5</td><td rowspan="2">30</td></tr>
<tr><td>270</td></tr>
<tr><td rowspan="2">34.5</td><td rowspan="2">600</td><td>80</td><td rowspan="2">100</td><td rowspan="2">104.5</td><td rowspan="2">54</td><td rowspan="2">230</td><td rowspan="2">200</td><td rowspan="2">15</td><td rowspan="2">6</td><td rowspan="2">M20 × 1.5</td><td rowspan="2">30</td></tr>
<tr><td>310</td></tr>
<tr><td colspan="12">注記 1　油中側長さは 2 種類とする。更に長いものを必要とする場合は，原則として 100 mm とびとする。
注記 2　図 A.1 に示す D_g 寸法は，変圧器のブッシング取付座の内径を示すもので，D_m 寸法が支障なくとおり，かつ，取付部のガスケット設計が合理的に行えるよう選択することが必要である。</td></tr>
</table>

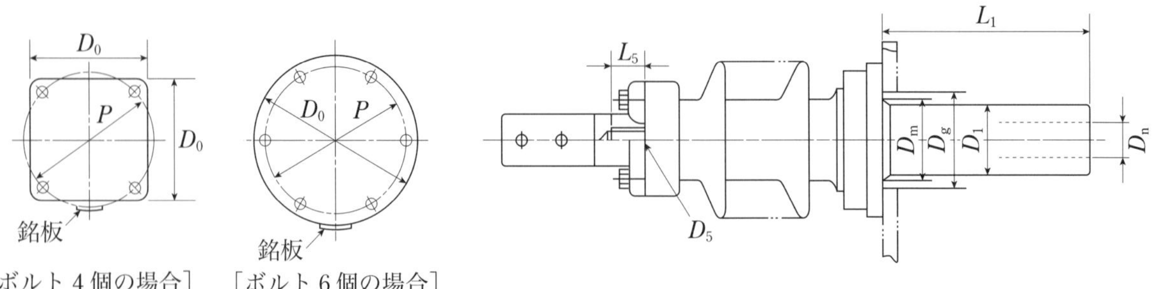

図 A.1 — 変圧器用単一形ブッシング（パイプ式）の標準取付寸法の定義図

表 A.3 — 変圧器用単一形ブッシング（スタッド式）の標準取付寸法

定格電圧 kV	定格電流 A	油中側寸法				取付フランジ				油中側端子	
		L_1 mm	L_2 mm	D_1（最大径）mm	D_m（最小径）mm	D_0 mm	ボルト穴 P mm	ボルト穴 直径 mm	ボルト穴 個数 個	ねじ径 D_4 mm	有効長さ L_4 mm
6.9	600	100	200	62	64.5	133	145	15	4	M20 × 1.5	40
		170	270								
	1 200	100	200							M30 × 2	40
		170	270								
	1 500	100	210	70	72.5	143	160			M36 × 2	50
		170	280								
	2 000	100	220	80	84.5	210	180	15	6	M42 × 2	60
		170	290								
	3 000	100	250	100	104.5	230	200			M56 × 2	80
		170	320								
	4 000	100	270	120	124.5	250	220			M80 × 2	100
		170	340								
11.5	600	120	220	70	72.5	143	160	15	4	M20 × 1.5	40
		200	300								
	1 200	120	220							M30 × 2	40
		200	300								
	1 500	120	230	80	84.5	210	180	15	6	M36 × 2	50
		200	310								
	2 000	120	240							M42 × 2	60
		200	320								
	3 000	120	270	100	104.5	230	200			M56 × 2	80
		200	350								
	4 000	120	290	120	124.5	250	220			M80 × 2	100
		200	370								
23	600	180	280	80	84.5	210	180	15	6	M20 × 1.5	40
		270	370								
	1 200	180	280							M30 × 2	40
		270	370								
	1 500	180	290	100	104.5	230	200			M36 × 2	50
		270	380								
	2 000	180	300							M42 × 2	60
		270	390								
	3 000	180	330							M56 × 2	80
		270	420								
	4 000	180	350	120	124.5	250	220			M80 × 2	100
		270	440								
34.5	600	210	310	100	104.5	230	200	15	6	M20 × 1.5	40
		310	410								
	1 200	210	310							M30 × 2	40
		310	410								
	1 500	210	320	120	124.5	250	220			M36 × 2	50
		310	420								
	2 000	210	330							M42 × 2	60
		310	430								

注記 1　油中側長さは 2 種類とする。更に長いものを必要とする場合は，原則として 100 mm とびとする。

注記 2　**図 A.2** に示す D_g 寸法は，変圧器のブッシング取付座の内径を示すもので，D_m 寸法が支障なくとおり，かつ取付部のガスケット設計が合理的に行えるよう選択することが必要である。

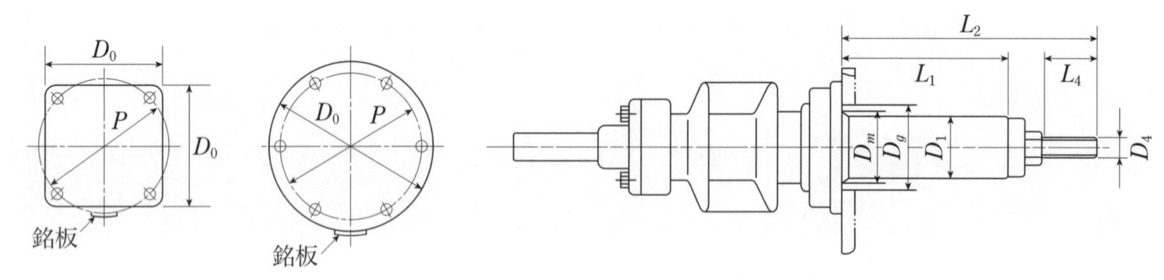

図 A.2 — 変圧器用単一形ブッシング（スタッド式）の標準取付寸法の定義図

A.2　変圧器用コンデンサブッシングの取付方法

表 A.4 に示す定格電圧・定格電流の範囲の磁器ブッシングの取付寸法は，**図 A.3** で定義される各部の寸法が**表 A.5** の値によるものを標準とする。

表 A.4 — 適用範囲

定格電圧 kV	定格電流 A			
	油浸紙コンデンサブッシング		レジン紙コンデンサブッシング	
	パイプ式	スタッド式 (フラット面式)	パイプ式	スタッド式
34.5	800 以下	3 000 以下	800 以下	2 000 以下
69，80.5	800 以下	4 000 以下	800 以下	2 000 以下
92	800 以下	2 000 以下	800 以下	1 500 以下
115	800 以下	4 000 以下	800 以下	1 500 以下
161, 195.5	800 以下	4 000 以下	800 以下	1 200 以下
230, 287.5	800 以下	4 000 以下	800 以下	—
550	—	2 000	—	—
注記　ブッシングの設計上可能な場合は，800 A を超えたものにパイプ式を適用してもよい。				

表 A.5 — 油浸紙コンデンサブッシング標準取付寸法

<table>
<tr><th rowspan="3">定格
電圧
kV</th><th rowspan="3" colspan="2">定格電流
A</th><th colspan="4">下部寸法</th><th colspan="4">取付フランジ</th><th colspan="3">下部端子取付座</th><th rowspan="3">下部
金具
外径
D_2
mm</th><th colspan="5">油中シールド</th></tr>
<tr><th rowspan="2">L_1
mm</th><th rowspan="2">L_2
mm</th><th rowspan="2">D_1
(最大径)
mm</th><th rowspan="2">D_m
(最大径)
mm</th><th rowspan="2">D_0
mm</th><th colspan="3">ボルト穴</th><th colspan="3">取付ねじ穴</th><th colspan="3">取付ねじ穴</th><th rowspan="2">最大
外径
D_s
mm</th><th rowspan="2">最大
長さ
L_s
mm</th></tr>
<tr><th>P_1
mm</th><th>直径
mm</th><th>個数
個</th><th>P_2
mm</th><th>呼び径
mm</th><th>個数
個</th><th>P_3
mm</th><th>呼び径
mm</th><th>個数
個</th></tr>
<tr><td rowspan="4">34.5</td><td>800
以下</td><td>パイプ式</td><td>220</td><td>430</td><td>114</td><td>120</td><td>250</td><td>210</td><td>19</td><td>4</td><td>75</td><td>M12</td><td>4</td><td>105</td><td>—</td><td>—</td><td>—</td><td>—</td><td>—</td></tr>
<tr><td>1 200
以下</td><td>スタッド式</td><td rowspan="3">320</td><td rowspan="3">530</td><td>114</td><td>120</td><td>250</td><td>210</td><td rowspan="3">19</td><td>4</td><td>75</td><td rowspan="3">M12</td><td rowspan="3">4</td><td>105</td><td>—</td><td>—</td><td>—</td><td>—</td><td>—</td></tr>
<tr><td colspan="2">2 000</td><td>134</td><td>160</td><td>290</td><td>250</td><td rowspan="2">6</td><td rowspan="2">95</td><td>130</td><td>—</td><td>—</td><td>—</td><td>—</td><td>—</td></tr>
<tr><td colspan="2">3 000</td><td>165</td><td>200</td><td>330</td><td>290</td><td>150</td><td>—</td><td>—</td><td>—</td><td>—</td><td>—</td></tr>
<tr><td rowspan="4">69
80.5</td><td>800
以下</td><td>パイプ式</td><td>220</td><td>570</td><td>149</td><td>160</td><td>290</td><td>250</td><td>19</td><td>6</td><td>75</td><td>M12</td><td>4</td><td>125</td><td>—</td><td>—</td><td>—</td><td>—</td><td>—</td></tr>
<tr><td>1 200
以下</td><td>スタッド式</td><td rowspan="3">320</td><td rowspan="3">670</td><td>149</td><td>160</td><td>290</td><td>250</td><td rowspan="3">19</td><td rowspan="2">6</td><td>75</td><td rowspan="3">M12</td><td rowspan="2">4</td><td>125</td><td>—</td><td>—</td><td>—</td><td>—</td><td>—</td></tr>
<tr><td colspan="2">2 000/3 000</td><td>182</td><td>200</td><td>330</td><td>290</td><td>95</td><td>155</td><td>—</td><td>—</td><td>—</td><td>—</td><td>—</td></tr>
<tr><td colspan="2">4 000</td><td>216</td><td>230</td><td>390</td><td>350</td><td>12</td><td>130</td><td>8</td><td>180</td><td>—</td><td>—</td><td>—</td><td>—</td><td>—</td></tr>
<tr><td rowspan="2">92</td><td colspan="2">1 200 以下</td><td rowspan="2">220</td><td rowspan="2">620</td><td rowspan="2">182</td><td rowspan="2">200</td><td rowspan="2">330</td><td rowspan="2">290</td><td rowspan="2">19</td><td rowspan="2">6</td><td>75</td><td rowspan="2">M12</td><td rowspan="2">4</td><td rowspan="2">140</td><td>—</td><td>—</td><td>—</td><td>—</td><td>—</td></tr>
<tr><td colspan="2">2 000</td><td>95</td><td>—</td><td>—</td><td>—</td><td>—</td><td>—</td></tr>
<tr><td rowspan="2">115</td><td colspan="2">3 000 以下</td><td rowspan="2">320</td><td rowspan="2">760</td><td>211</td><td>230</td><td>390</td><td>350</td><td>19</td><td rowspan="2">12</td><td>95</td><td rowspan="2">M12</td><td>4</td><td>160</td><td>130</td><td rowspan="2">M12</td><td rowspan="2">4</td><td>245</td><td>190</td></tr>
<tr><td colspan="2">4 000</td><td>260</td><td>270</td><td>440</td><td>390</td><td>24</td><td>130</td><td>8</td><td>225</td><td>195</td><td>310</td><td>210</td></tr>
<tr><td rowspan="2">161
195.5</td><td colspan="2">3 000 以下</td><td rowspan="2">420</td><td rowspan="2">990</td><td>260</td><td>270</td><td>440</td><td>390</td><td rowspan="2">24</td><td rowspan="2">12</td><td>95</td><td rowspan="2">M12</td><td>4</td><td>160</td><td>130</td><td rowspan="2">M12</td><td rowspan="2">4</td><td>245</td><td>190</td></tr>
<tr><td colspan="2">4 000</td><td>296</td><td>350</td><td>540</td><td>490</td><td>130</td><td>8</td><td>225</td><td>195</td><td>310</td><td>210</td></tr>
<tr><td rowspan="2">230</td><td colspan="2">3 000 以下</td><td rowspan="2">420</td><td rowspan="2">1 120</td><td>296</td><td rowspan="2">350</td><td rowspan="2">540</td><td rowspan="2">490</td><td rowspan="2">24</td><td rowspan="2">12</td><td>110</td><td rowspan="2">M12</td><td>4</td><td>195</td><td>165</td><td rowspan="2">M12</td><td rowspan="2">4</td><td>300</td><td>200</td></tr>
<tr><td colspan="2">4 000</td><td>337</td><td>130</td><td>8</td><td>225</td><td>195</td><td>330</td><td>220</td></tr>
<tr><td rowspan="2">287.5</td><td colspan="2">3 000 以下</td><td rowspan="2">420</td><td rowspan="2">1 240</td><td>337</td><td rowspan="2">440</td><td rowspan="2">630</td><td rowspan="2">580</td><td rowspan="2">24</td><td rowspan="2">16</td><td>110</td><td rowspan="2">M12</td><td>4</td><td>195</td><td>165</td><td rowspan="2">M12</td><td rowspan="2">4</td><td>300</td><td>200</td></tr>
<tr><td colspan="2">4 000</td><td>373</td><td>130</td><td>8</td><td>225</td><td>195</td><td>330</td><td>220</td></tr>
<tr><td>550</td><td colspan="2">2 000</td><td>700</td><td>1 980</td><td>561</td><td>900</td><td>1 160</td><td>1 100</td><td>28</td><td>24</td><td>150</td><td>M12</td><td>4</td><td>280</td><td>220</td><td>M12</td><td>4</td><td>430</td><td>250</td></tr>
</table>

注記 1 D_1 寸法は，取付フランジ下面から 10 mm を超える部分の最大径とする。

注記 2 D_m 寸法は，取付フランジ下面から下の金属張出し部の直径とする。

注記 3 D_2 寸法は，下部金具の直径とする。

注記 4 L_1 寸法は，取付フランジ下面からアース金具終端までの寸法とする。
L_1 寸法が**表 A.5** 以外の寸法を必要とするときは，**表 A.6** の中から選択する。

注記 5 L_2 寸法は，下部金具下端面までの寸法とする。
表 A.6 を使用したときの L_2 寸法は，**表 A.5** の L_2 寸法と L_1 寸法の差に**表 A.6** の L_1 寸法を加えた寸法とする。

注記 6 D_0 寸法は，取付フランジ外径とする。

注記 7 取付フランジ下面のシール面は，平面とし，**JIS B 0601**：2013 の規定による R_{ZJIS}25 相当とする。

注記 8 取付フランジボルト穴の ϕ19 の場合は，下面側に，**JIS B 0701**-1987 の規定による C5 の面取りを行う。ϕ24 及び ϕ28 は面取りしない。

注記 9 P_2 寸法は，下部金具下端のフラット面に端子金具を取り付けるための M12 ねじ穴のピッチ径とし，ねじ穴の有効深さは，18 mm とする。ねじ穴と取付フランジボルト穴の関係は，**図 A.3** による。

注記 10 P_3 寸法は，油中シールドを取り付けるための M12 ねじ穴のピッチ径とし，ねじ穴の有効深さは 18 mm とする。ねじ穴と取付フランジボルト穴の関係は，**図 A.3** による。

注記 11 D_s 寸法は，油中シールドの最大外径とする。

注記 12 L_s 寸法は，ブッシング下端面から油中シールド下端までの最大寸法とする。

注記 13 ブッシングの正面は，油面計のある位置とする。銘板は，正面に取り付けることを原則とする。
正面と取付ボルト穴の位置の関係は，**図 A.3** による。

注記 14 保護キャップがある場合は，原則として正面に取り付ける。

注記 15 パイプ式のパイプ内径は，**表 A.7** に示すとおりとする。

注記 16 ブッシング取替えを考慮して，D_1，D_m 寸法最大径のブッシングが取付け可能な変圧器側の取合い設計を行う。

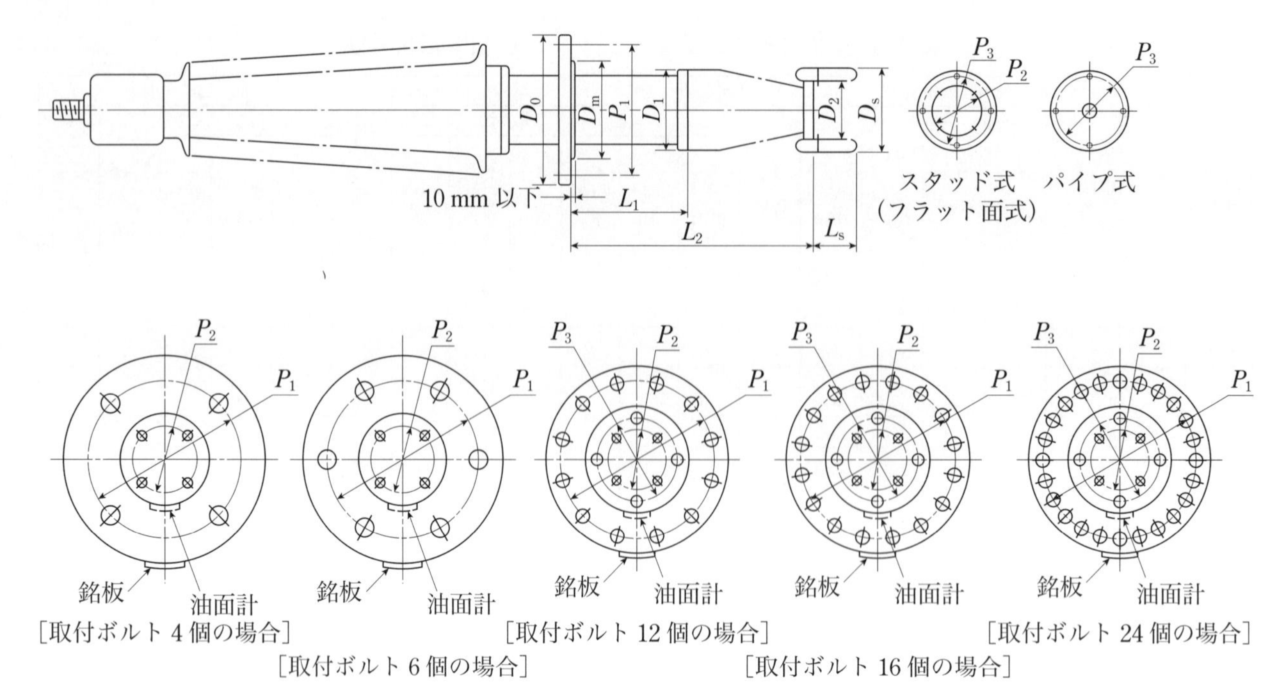

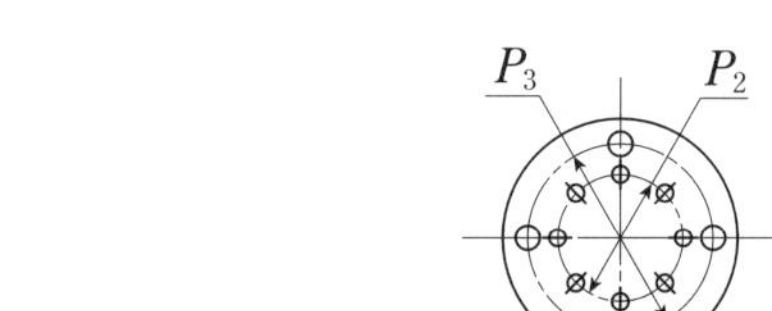

図 A.3 — 油浸紙コンデンサブッシング取付寸法の定義図

表 A.6 — L_1 寸法

定格電圧 kV		L_1 mm	
34.5 ～ 80.5	パイプ式	320	520
	スタッド式	220	520
92		320	
115		420	620
161 ～ 287.5		320	620

表 A.7 — パイプ式のパイプ内径

定格電流 A	パイプ内径 mm
400	26 以上
600	34 以上
800	38 以上

附属書 B
（規定）
変圧器用ブッシングの耐震試験用ポケット

変圧器用ブッシングは，**附属書 A** などに示すとおり，互換性を目的として取付寸法が詳細に規定されている。互換性を確保するためには，いずれの条件に対しても耐える機械的強度が必要であるが，経済的に問題が生じることが予想される。このため，互換性の要求が強く最も汎用性の高い防音タンク構造の変圧器でブッシングの取付角度が鉛直から 30° までの場合を対象とし，その大部分が包含できる試験用ポケットの寸法定義を**図 B.1** に，諸元を**表 B.1** に示す。この試験用ポケットを用いて耐震性能を確認すれば大部分の変圧器用ブッシングに適用できる。

表 B.1 ― 耐震試験用ポケットの諸元

項目				定格電圧 kV			
				161 195.5	230	287.5	550
寸法	ポケット全長	L	mm	2 000	2 000	2 300	2 100
	ポケット内径	D	mm	590	665	800	1 300
	ポケット板厚	t	mm	6	9	9	9
	ブッシング取付板の貫通穴径	d	mm	286	370	460	860（がい管下部胴径 700 のとき） 960（がい管下部胴径 800 のとき）
振動定数 a)	ポケット曲げ剛性	$E \cdot I$	$N \cdot m^2$	1.0×10^8	2.3×10^8	3.9×10^8	16.3×10^8
	ブッシング取付部回転ばね定数	K_{RB}	N・m /rad	2×10^7 以下	5×10^7 以下	6×10^7 以下	13×10^7 以下
	ポケット取付部回転ばね定数	K_{RP}	N・m /rad	5×10^7 以下	5×10^7 以下	12×10^7 以下	60×10^7 以下
ポケットの重量			kN	約 8	約 11	約 18	約 34

注 a) 振動定数で示した K_{RB} 及び K_{RP} については規定値に近い値になるよう製作する。

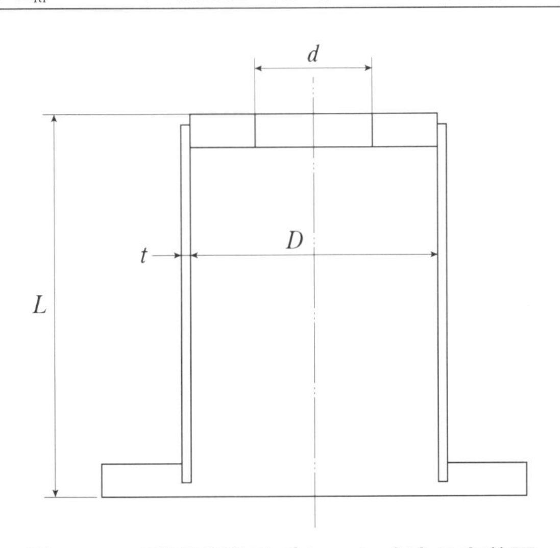

図 B.1 ― 耐震試験用ポケット寸法の定義図

附属書 C
（規定）
短時間耐電流計算における表皮係数

ブッシングの中心導体の表皮係数は，中心導体自体に流れる電流が形成する磁界のほかに隣接する他導体に流れる電流磁界にも影響される。しかし一般には，隣接導体の影響は非常に小さいため，中心導体自体に流れる電流のみを考えれば十分である。表皮係数は，中心導体の寸法及び断面形状によって大きく異なる。

通常用いられる断面が円形の導体及び円形パイプ状導体の場合で，導体自身に流れる電流の影響だけを考慮すると，表皮係数は次のようにして求めることができる。

表皮係数 k は，導体形状係数 a 及び係数 b から**図 C.1** を用いて求める。

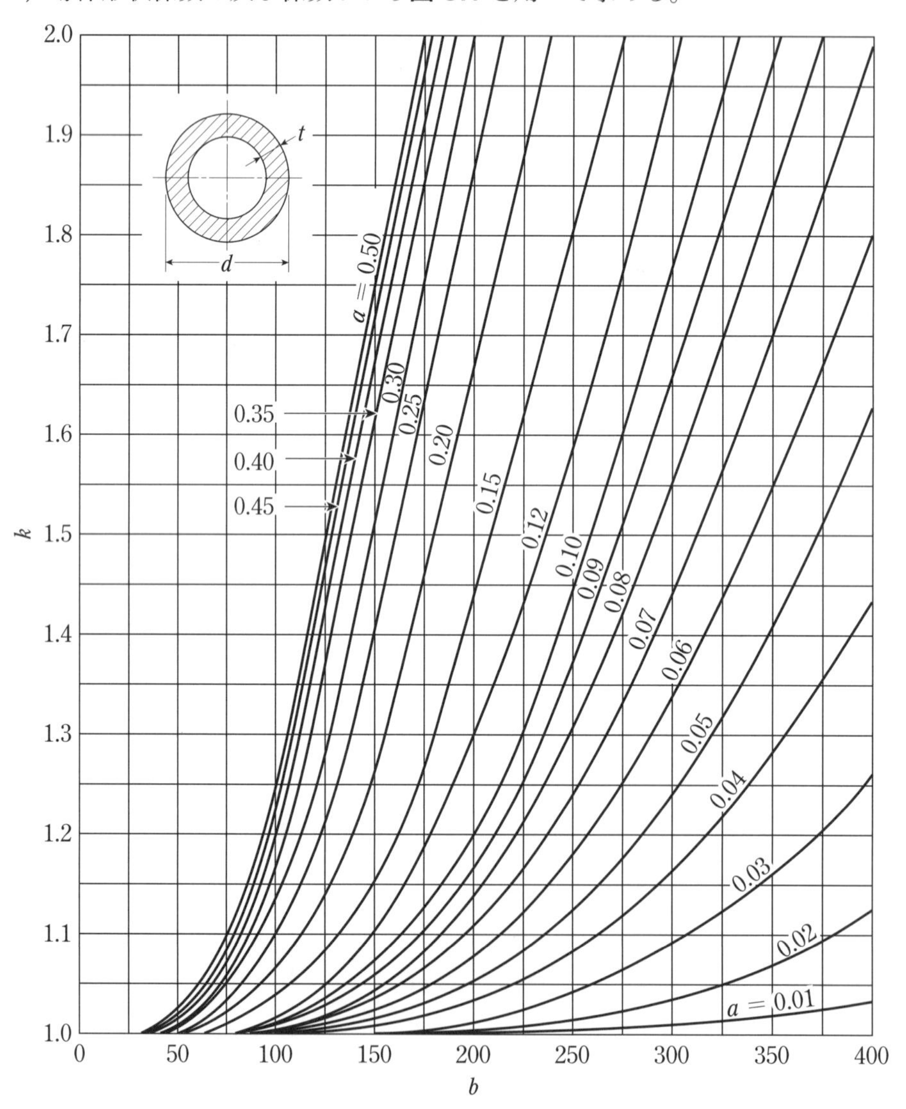

図 C.1 — 中心導体の表皮係数

導体形状係数：$a = \dfrac{t}{d}$

係　　　　数：$b = \sqrt{\dfrac{3.28f}{R_{dc}}}$

ここに，d：導体の直径（cm）

t：パイプの肉厚（cm）

（丸棒の場合　$t = \dfrac{d}{2}$）

f：定格周波数（Hz）

R_{dc}：導体 1 km 当たりの直流抵抗値（Ω）

また大径の丸棒や薄肉パイプで，**図 C.1** から表皮係数を読み取れない場合には，次のように実用上十分な精度の近似式を用いて求める。

$$k = 1 + X_1(1 - a - X_2 a^2)$$

ここに，X_1，X_2 は $Y = 2.513 \times \dfrac{t}{d-t} \times \dfrac{t}{R_{dc}} \times 10^{-3}$

により求まる Y の値を用いて**表 C.1** から読む。

表 C.1　表皮係数の近似式の係数算出

Y	X_1	X_2	Y	X_1	X_2
5 未満	$\dfrac{7Y^2}{315+3Y^2}$	$\dfrac{224}{211+Y^2}$	14.5	1.69	
			15	1.74	0.56
5	0.45	0.96	15.5	1.79	
5.5	0.52		16	1.83	0.52
6	0.60	0.92	16.5	1.88	
6.5	0.68		17	1.92	
7	0.75	0.88	18	2.01	0.48
7.5	0.83		19	2.09	
8	0.90	0.84	20	2.17	0.44
8.5	0.97		21	2.25	
9	1.04	0.76	22	2.33	0.40
9.5	1.11		23	2.40	
10	1.17	0.72	24	2.47	0.36
10.5	1.24		25	2.54	
11	1.30	0.68	26	2.61	0.36
11.5	1.36		27	2.68	
12	1.42	0.64	28	2.75	0.32
12.5	1.48		29	2.81	
13	1.53	0.60	30	2.88	0.32
13.5	1.59		30 超過	$\sqrt{\dfrac{Y}{2}} - 1$	$\dfrac{8}{4\sqrt{2Y} - 5}$
14	1.64	0.56			

附属書 D
（規定）
磁器がい管の要求事項

序文

この附属書は，磁器がい管に関する特性，構造，試験などについて規定したものである。

D.1　適用範囲

この附属書は，公称電圧 3.3 kV 以上の電線路又はこれに接続される機器に使用される磁器がい管に適用する。

D.2　引用規格

次に掲げる規格は，この附属書に引用されることによってこの附属書の一部を構成する。これらの引用規格のうちで，西暦年を付記してあるものは，記載の年の版を適用し，その後の改正年（追補を含む。）は適用しない。

JIS C 3801-3：1999　がいし試験方法－第 3 部：がい管

D.3　定格

D.3.1　表面漏れ距離

使用者は購入仕様で使用地区の汚損程度を塩分付着密度で指定するものとし，製造業者はそれに従い納入するブッシングに使用するがい管の表面漏れ距離 L として，**表 D.1** に示す L ／ E の値を満足すること。

ここに，D：がい管の平均直径（mm）
L：表面漏れ距離（mm）
E：汚損耐電圧目標値（kV）

表 D.1 — 磁器がい管の所要表面漏れ距離

区分		塩分付着密度 mg/cm²	近似式 [a]
定格電圧 195.5 ～ 1 100 kV の平均直径 250 mm 超及び 161 kV 以下	一般地区	0.005	$L/E \geqq -0.0000168D^2 + 0.0421D + 11.18$
	塩害地区	0.03 [b]	$L/E \geqq (-0.0000173D^2 + 0.0547D + 18.04) \times (0.5 + 6.93D^{-0.5522})^{0.2}$
		0.06 [b]	$L/E \geqq (-0.0000363D^2 + 0.0801D + 18.82) \times (0.5 + 6.93D^{-0.5522})^{0.2}$
		0.12 [b]	$L/E \geqq (-0.0000370D^2 + 0.0864D + 23.23) \times (0.5 + 6.93D^{-0.5522})^{0.2}$
		0.35 [b]	$L/E \geqq (-0.0000504D^2 + 0.1119D + 27.46) \times (0.5 + 6.93D^{-0.5522})^{0.2}$
定格電圧 195.5 ～ 1 100 kV の平均直径 250 mm 以下	一般地区	0.005	$L/E \geqq -0.0000184D^2 + 0.0467D + 12.39$
	塩害地区	0.03 [b]	$L/E \geqq (-0.0000192D^2 + 0.0607D + 20) \times (0.5 + 6.93D^{-0.5522})^{0.2}$
		0.06 [b]	$L/E \geqq (-0.0000403D^2 + 0.0888D + 20.87) \times (0.5 + 6.93D^{-0.5522})^{0.2}$
		0.12 [b]	$L/E \geqq (-0.0000410D^2 + 0.0958D + 25.76) \times (0.5 + 6.93D^{-0.5522})^{0.2}$
		0.35 [b]	$L/E \geqq (-0.0000560D^2 + 0.1243D + 30.51) \times (0.5 + 6.93D^{-0.5522})^{0.2}$

注 [a] 記載の近似式は，**電気協同研究第 35 巻第 3 号**の近似式を基準とし，**電気協同研究第 72 巻第 4 号**での検討結果を反映したものである。

[b] 塩害地区の塩分付着密度は，設計値であり，長幹がいし（平均直径：115 mm）に付着した値を基準としたものである。

D.3.2　構造

がい管の構造としては，取付構造として次の方式のものがある。

D.3.2.1　がい管上下ともセンタークランプ方式

取付構造として，**図 D.1** に示すようながい管の上下ともにセメント接着金具を附属しない方式。

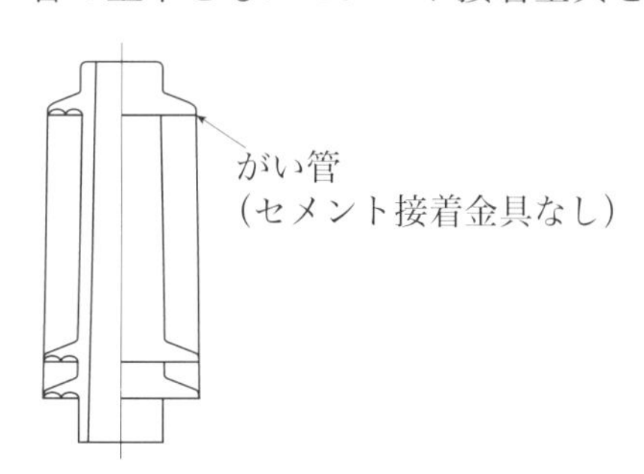

図 D.1 — がい管上下ともセンタークランプ方式

D.3.2.2　がい管上下ともセメント接着方式

取付構造として，**図 D.2** に示すようながい管の上下ともにセメント接着金具を附属する方式。

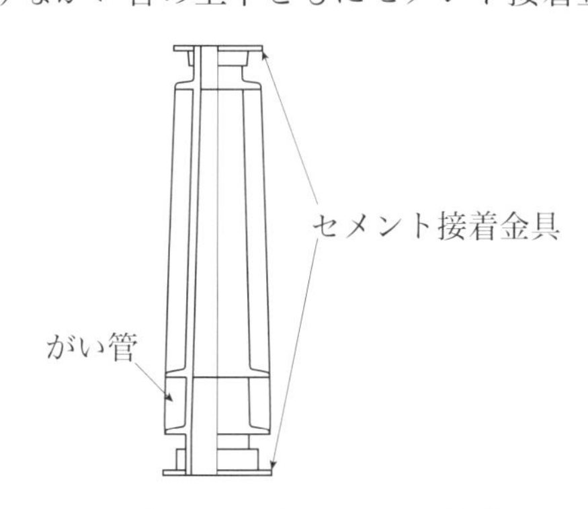

図 D.2 — がい管上下ともセメント接着方式

D.3.2.3　がい管上部センタークランプ方式 下部セメント接着方式

取付構造として，**図 D.3** に示すようながい管の上部がセンタークランプ方式で下部がセメント接着金具を附属する方式。

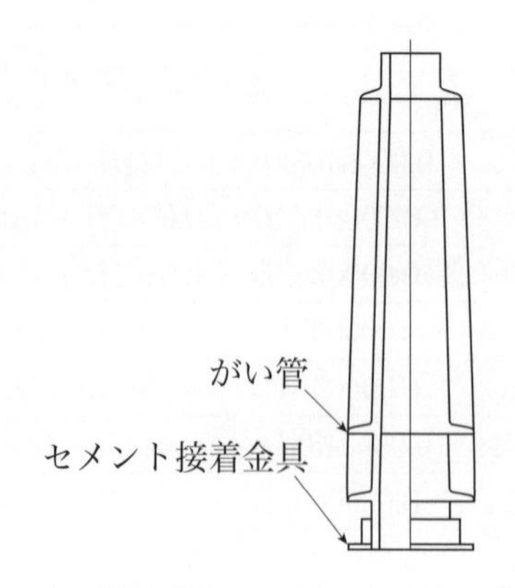

図 D.3 — がい管上部センタークランプ方式 下部セメント接着方式

D.3.2.4　単一形がい管

取付構造として，**図 D.4** に示すようながい管の上部及び中間部にセメント接着金具を附属する方式。

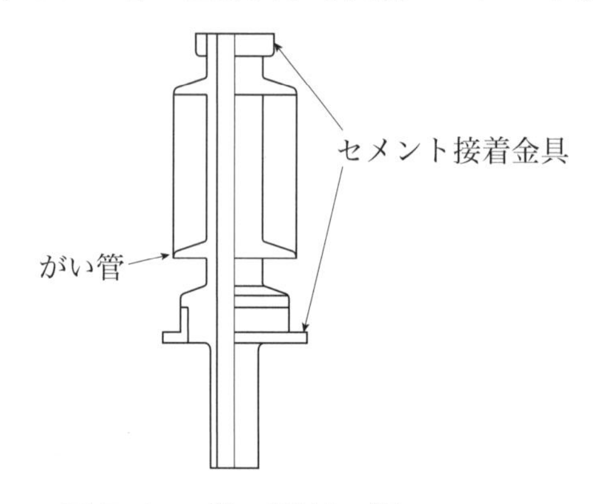

図 D.4 — 単一形がい管

D.4　試験

磁器がい管の試験は，**JIS C 3801-3**：1999 による。

附属書E
(規定)
ポリマーがい管の要求事項

序文

この附属書は，ポリマーがい管に関する特性，構造，形式試験，ルーチン試験，参考試験などについて規定したものである。

E.1　適用範囲

この附属書はFRPを構造材に用い，FRP表面をポリマー材料（シリコーンゴムなど）で被覆し，終端部に把持金具を設置したポリマーがい管に適用する。このポリマーがい管は，FRP筒内部に絶縁ガス，絶縁物及び酸化亜鉛素子が内蔵された状態で外部は気中で使用される。公称電圧3.3 kV以上の電線路又はこれに接続される機器に使用されるブッシング[a]や避雷器，ステーションポストなどに適用する。

注[a]　固体絶縁物ブッシングやコンデンサブッシングなどの表面にポリマー材料を直接モールドしたダイレクトモールド形にも適用する。ただし，試験項目は，**表E.3**，**表E.7**による。

E.2　用語及び定義

E.2.1　構成部位

E.2.1.1

ポリマーがい管（composite hollow insulator）

3.4.4.2　ポリマーがい管による。

E.2.1.2

外被（housing）

必要な漏れ距離の確保や自然環境からFRP筒を保護するための外部絶縁部品。

注記　**IEC 61462**：2007に規定されている用語と同義である。

E.2.1.3

かさ（shed）

3.4.10　かさによる。

E.2.1.4

胴部（insulator trunk）

かさが張り出す外被の中央部。

注記　**IEC 61462**：2007に規定されている用語と同義である。

E.2.1.5

FRP筒（FRP tube）

高電圧部と接地部の間の電気的な離隔距離を保持するとともに，内部圧力，曲げなどの機械的強度を分担する役割を有するポリマーがい管の構造材となる部分。

注記　材質は一般に，Eガラス繊維とエポキシ系の樹脂からなる。

E.2.1.6

把持金具（fixing device）

タンクや壁などへの固定や機械荷重を支持する機能を有するポリマーがい管端部の金具。

注記 1 **IEC 61462**：2007 に規定されている用語と同義である。

注記 2 一般的にアルミニウム材や鉄鋼材料で製作される。FRP 筒への接合は圧着・焼ばめ・くさび打込み・樹脂充填などの方法がある。

E.2.1.7

界面（interface）

異なる材料同士が接合する面。

注記 FRP 筒と外被ゴムの接着面，FRP 筒と把持金具の接合面，外被ゴムと把持金具の接着面などがある。

E.2.2　特性

E.2.2.1

はっ（撥）水性（hydrophobicity）

外被ゴム表面に付着した水が連続した水膜を形成せず，不連続な水玉（水滴）を形成する状態（水をはじく状態）。

E.2.2.2

表面漏れ距離（creepage distance）

3.6.6　表面漏れ距離による。

E.2.2.3　機械的特性

E.2.2.3.1

最大機械荷重（MML : maximum mechanical load）

運転中にポリマーがい管に作用する最大荷重。

注記 1 機器の設計に応じて機器製造業者から提示される。

注記 2 **IEC 61462**：2007 に規定されている用語と同義である。

E.2.2.3.2

規定機械荷重（SML : specified mechanical load）

ポリマーがい管の耐荷重を意味する規定荷重。

注記 **IEC 61462**：2007 の曲げ試験にて規定されている規定荷重と同義であり，2.5 × MML と定義される。

E.2.2.3.3

最高使用圧力（MSP : maximum service pressure）

最高周囲温度において，定格電流を通電したときのがい管内部の最高圧力。

注記 機器の設計に応じて機器製造業者から提示される。

E.2.2.3.4

規定圧力（SIP : specified internal pressure）

ポリマーがい管内部の耐圧力を意味する規定圧力。

注記 **IEC 61462**：2007 の内部圧力試験にて規定されている規定圧力と同義である。

E.2.2.3.5

許容曲げ荷重（allowable stress）

常時荷重，短期荷重などが重畳されたポリマーがい管先端に印加可能な荷重の上限。

E.3 定格

E.3.1 表面漏れ距離

使用者は購入仕様で使用地区の汚損程度を塩分付着密度で指定するものとし，製造業者はそれに従い納入するブッシングに使用するがい管の表面の漏れ距離 L として，**表 E.1** に示す $L／E$ の値を満足すること。

ここに，D：がい管の平均直径（mm）

L：表面漏れ距離（mm）

E：汚損耐電圧目標値（kV）

表 E.1 — ポリマーがい管の所要表面漏れ距離

区分		塩分付着密度 mg/cm^2	近似式 [a]
定格電圧 195.5～1 100 kV の平均直径 250 mm 超及び 161 kV 以下	一般地区	0.01	$L/E \geqq (-0.0000195D^2 + 0.0495D + 13.15) \times (0.3/0.1)^{0.135} \times 0.9$
	塩害地区	0.03 [b]	$L/E \geqq (-0.0000173D^2 + 0.0547D + 18.04) \times (0.5 + 6.93D^{-0.5522})^{0.2} \times (0.3/0.1)^{0.12} \times 0.9$
		0.06 [b]	$L/E \geqq (-0.0000363D^2 + 0.0801D + 18.82) \times (0.5 + 6.93D^{-0.5522})^{0.2} \times (0.3/0.1)^{0.11} \times 0.9$
		0.12 [b]	$L/E \geqq (-0.0000370D^2 + 0.0864D + 23.23) \times (0.5 + 6.93D^{-0.5522})^{0.2} \times (0.3/0.1)^{0.105} \times 0.9$
		0.35 [b]	$L/E \geqq (-0.0000504D^2 + 0.1119D + 27.46) \times (0.5 + 6.93D^{-0.5522})^{0.2} \times (0.3/0.1)^{0.095} \times 0.9$
定格電圧 195.5～1 100 kV の平均直径 250 mm 以下	一般地区	0.01	$L/E \geqq (-0.0000216D^2 + 0.0549D + 14.18) \times (0.3/0.1)^{0.135} \times 0.9$
	塩害地区	0.03 [b]	$L/E \geqq (-0.0000192D^2 + 0.0607D + 20) \times (0.5 + 6.93D^{-0.5522})^{0.2} \times (0.3/0.1)^{0.12} \times 0.9$
		0.06 [b]	$L/E \geqq (-0.0000403D^2 + 0.0888D + 20.87) \times (0.5 + 6.93D^{-0.5522})^{0.2} \times (0.3/0.1)^{0.11} \times 0.9$
		0.12 [b]	$L/E \geqq (-0.0000410D^2 + 0.0958D + 25.76) \times (0.5 + 6.93D^{-0.5522})^{0.2} \times (0.3/0.1)^{0.105} \times 0.9$
		0.35 [b]	$L/E \geqq (-0.0000560D^2 + 0.1243D + 30.51) \times (0.5 + 6.93D^{-0.5522})^{0.2} \times (0.3/0.1)^{0.095} \times 0.9$

注 [a] 記載の近似式は，**電気協同研究第 72 巻第 4 号**の近似式を引用したものである。

[b] 塩害地区の塩分付着密度は，設計値であり，長幹がいし（平均直径：115 mm）に付着した値を基準としたものである。

E.3.2 構造

ポリマーがい管は，**図 E.1** に示すように，一般に FRP 筒，外被材，把持金具の 3 要素から構成される。

E.3.2.1 FRP 筒

ポリマーがい管の機械的強度は，FRP 筒及び FRP 筒—把持金具の接合部が担っている。特に，FRP 筒は内部圧力，曲げなどの機械荷重に耐え，ブッシング中心導体などを通過する空間を確保してブッシングを自立させ高電圧部と接地部の離隔距離を確保する役割を担う。

E.3.2.2 外被材

外被材には，一般的に耐候性，電気絶縁性に優れ，特に高いはっ（撥）水性を有し汚損耐電圧性能に優れるシリコーンゴムが用いられることが多い。外被材は，成形前に FRP 筒にプライマーを塗布し加硫接着させ，化学的に結合させている。

E.3.2.3 把持金具

把持金具は，ポリマーがい管の機器への固定とがい管内部の絶縁物の気密機能を担う。把持金具の材質は，FRP 筒との接合性，軽量化，通電時の温度上昇などを考慮して，アルミニウム合金を用いる場合が多い。FRP 筒との接合部は，接着，圧入，焼ばめなどの手段及びこれらの組合せにより接合され，機械的強度と気密性を確保している。

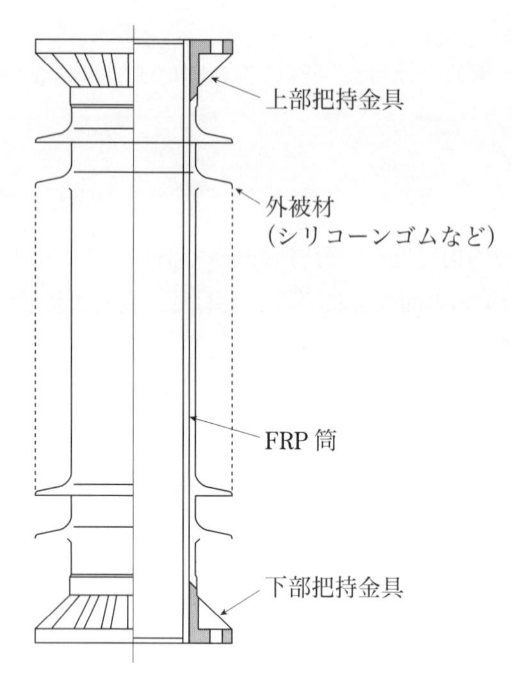

図 E.1 — ポリマーがい管の構造

E.3.3　機械的特性

ポリマーがい管に加わる機械力は，**4.8　機械的強度**において規定された各種重畳荷重を対象とする。また，ポリマーがい管の機械的強度は，次の強度を有するものとする。

注記　ポリマーがい管の曲げ荷重及び内部圧力強度は，**IEC 61462**：2007 に規定されている。

E.3.3.1　曲げ荷重

図 E.2 に，**IEC 61462**：2007 に規定されたポリマーがい管の曲げ荷重，及び本附属書にて規定する許容曲げ荷重の関係を示す。

ポリマーがい管の許容曲げ荷重は，弾性限度荷重（残留ひずみ率±5 %以下）を基本とし，2.5 × MML（SML）を上限とする。

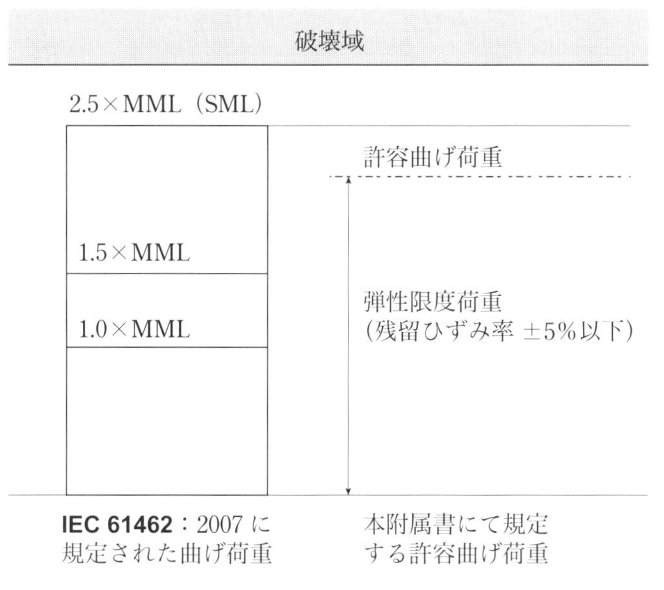

図 E.2 − ポリマーがい管の構造

注記 1　SML は **IEC 61462**：2007 において 2.5 × MML と規定され，ポリマーがい管製造業者において設定される規定機械荷重である。SML を印加した曲げ試験（タイプテスト）が実施され，ポリマーがい管に破損・FRP 筒の抜けなど，目に見える損傷がないことが必要である。

注記 2　弾性限度荷重は，荷重印加時の最大発生ひずみを 100 % とした際，荷重除去後の残留ひずみ率が±5 %以下となる荷重である。これは，**IEC 61462**：2007 に規定されている。

E.3.3.2　内部圧力強度

内部圧力強度に関しては，最高使用圧力（MSP）の 2 倍の圧力（2.0 × MSP）で弾性限度内であること，4 倍の圧力（4.0 × MSP）で目に見える破損がないものとする。

注記　内部圧力強度に関しては，**IEC 61462**：2007 に規定されている。

E.3.4　かさ形状の規定

かさ形状は**表 E.2** に示す寸法形状とする。

注記　かさ形状に関しては，**IEC TS 60815-3**：2008 に規定されている。

表 E.2 ― かさ形状の規定

規定内容	①同径かさと段違いかさのかさ寸法	②かさ間ピッチとかさ張出し寸法比率	③かさ間ピッチの最小寸法	④かさ間ピッチと1ピッチ当たりの漏れ距離比率	⑤かさ角度
パラメータ	・同径かさ $p_1 = p_2$，又は $p_1 - p_2 < 15$ mm ・段違いかさ $p_1 - p_2 \geqq 15$ mm 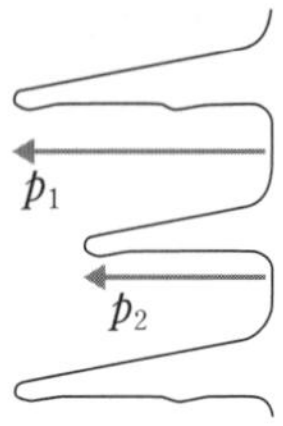	・同径かさ $s/p \geqq 0.65$ ・段違いかさ $s/p \geqq 0.75$ 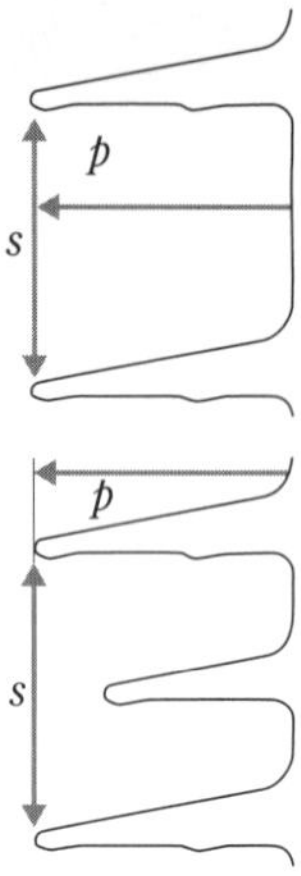	・同径かさ $c \geqq 25$ mm ・段違いかさ $c \geqq 40$ mm 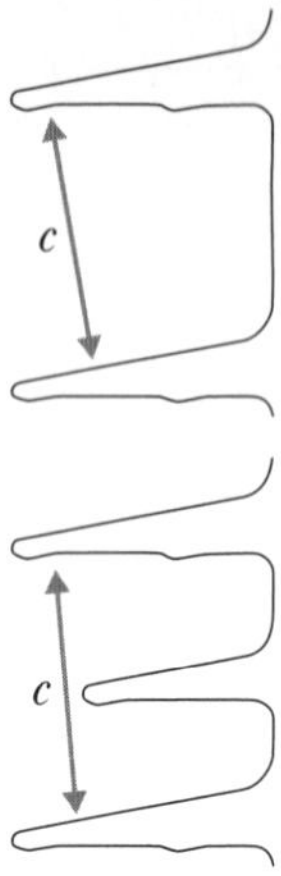	・全形状 $l/d \leqq 4.5$ 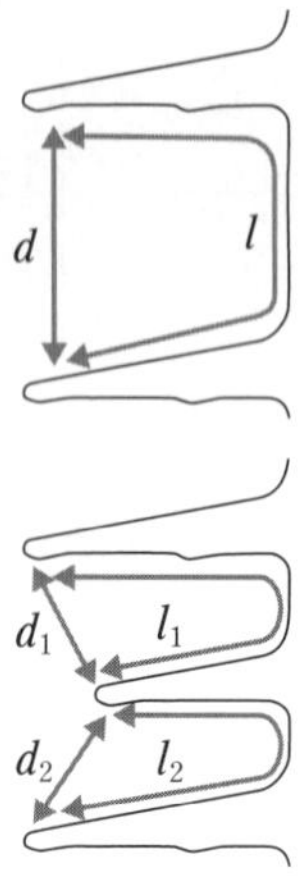	・垂直設置がいし $5° \leqq \alpha \leqq 25°$ ・水平設置がいし $0° \leqq \alpha \leqq 20°$ 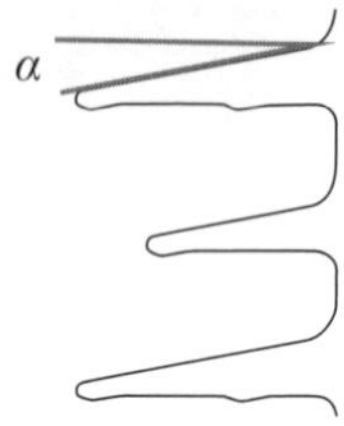
補足説明	・着氷雪や豪雨を考慮し，段違いかさの場合は15 mm以上の寸法を規定。	・アーク放電の進展を防ぐ目的で比率を規定。	・アーク放電の進展を防ぐ目的で比率を規定。	・4.5程度で汚損耐電圧性能が最大となる傾向。	・傾斜が大きすぎると雨洗効果の妨げとなる。

E.4　使用状態

E.4.1　常規使用状態

5.1　常規使用状態による。

E.4.2　特殊使用状態

5.2　特殊使用状態による。

E.5　製造業者が表示すべき事項

製造業者名又はマーク，製造年，製造番号，形番を表示すること。

E.6　試験の種類

表 E.3 に本附属書で規定される試験項目と試験区分を示す。試験区分は次に示すように，形式試験，ルーチン試験に基づくこととする。各テストの試験目的により，形式試験はデザインテスト，タイプテストに区分し，ルーチン試験は全数試験と抜取試験に区分する。なお，高温曲げ試験と人工汚損交流耐電圧試験は，**IEC 61462**：2007 に規定されていないが，**電気協同研究第 72 巻第 4 号**においてポリマーがい管の基本的な性能に関する試験として提案されたものである。試験内容の点から，前者はデザインテスト，後者はタイプテストとして規定する。

注記　試験区分に関しては，**IEC 61462**：2007 に規定されている。

a）デザインテスト

デザインテストは，主に材料，設計，製造技術の妥当性検証を目的とするもので，新しい材料・設計・製造技術・製造工程を適用することに対し，1回限り適用される。

b) タイプテスト

タイプテストは，主に形状・寸法に依存する基本特性の検証を目的とするもので，個々のがい管形式に対し，1回限り実施される。また，材料・製造工程の変更を行った場合には再度実施される。

c) 全数試験

製造欠陥の除去を目的として，納入する製品全数について実施される。

d) 抜取試験

製造品質や材料に依存する特性の検証を目的として抜取りで実施されるもので，全数試験に合格したロットから無作為に試料を抜取り，試験に供試する。なお，破壊試験（機械的又は電気的特性に影響を及ぼさない試験）を実施していない試料ならば，ロットに戻してもよい。

表 E.3 — ポリマーがい管の試験

試験項目	試験区分				試験内容・目的など
	形式試験		ルーチン試験		
	デザイン	タイプ	全数試験	抜取試験	
硬度試験 a)	○				
紫外線照射試験 a)	○				
塩霧試験 a)	○				
難燃性試験 a)	○	(○)			
吸湿試験	○				
水分拡散試験 a)	○				
界面と把持金具接合部の試験 a)	○				
内部圧力試験		○			
曲げ試験		○			
寸法検査		○		○	
機械的試験（曲げ，内部圧力）				○	
亜鉛めっき試験		○		○	
把持金具と外被の界面の検査		○		○	
外観検査		○	○		
全数内部圧力試験			○		
全数気密試験			○		
高温曲げ試験	○				**電気協同研究第 72 巻第 4 号**による
人工汚損交流耐電圧試験 a)		○			**電気協同研究第 72 巻第 4 号**による

注記 （ ）部は外被ゴムの特性データ蓄積のため実器から切り出したテストピースによる試験を実施。
注 a) ダイレクトモールド形にも適用する。

E.7 形式試験

E.7.1 デザインテスト

E.7.1.1 硬度試験

E.7.1.1.1 適用範囲

全てのポリマーがい管の材料に適用する。

E.7.1.1.2 試験方法

0.1 %塩水，100 ℃ × 42 時間煮沸前後で硬度を測定し変化を確認する。煮沸後 3 時間以内に試験を実施する。

注記 本試験方法に関しては，**IEC 61462**：2007 に規定されている。

E.7.1.1.3 合否の判定

煮沸前後で硬度の変化が±20 %以内であること。

E.7.1.2 紫外線照射試験

E.7.1.2.1 適用範囲

全てのポリマーがい管の材料に適用する。

E.7.1.2.2 試験方法

外被材の加速環境試験（1 000 時間 / キセノンアーク法（**JIS K 7350-1**，**JIS K 7350-2**）又は蛍光 UV 法（**JIS K 7350-1**，**JIS K 7350-3**））により紫外線照射に対する性能変化を確認する。

E.7.1.2.3 合否の判定

・試験後，マーキング判読可能であること。
・亀裂，表面劣化なきこと。
・表面粗さ 0.1 mm 以下であること。

E.7.1.3 塩霧試験

E.7.1.3.1 適用範囲

全てのポリマーがい管の材料に適用する。

E.7.1.3.2 試験方法

1 000 時間塩霧試験によりトラッキング，エロージョンを確認する。

注記 本試験方法に関しては，**IEC 61462**：2007 に規定されている。

E.7.1.3.3 合否の判定

・トラッキングなきこと。
・エロージョンの深さが 3 mm 以下でチューブに達しないこと。
・貫通なきこと。

E.7.1.4 難燃性試験

E.7.1.4.1 適用範囲

全てのポリマーがい管の材料に適用する。

E.7.1.4.2 試験方法

水平に支持し水平 45° からの接炎，鉛直に支持し接炎でそれぞれ延焼時間等を確認する。

注記 本試験方法に関しては，**IEC 60695-11-10**：2013 に規定されている。

E.7.1.4.3 合否の判定

難燃性カテゴリが HB40-25 mm と V1 以上に属すること。

E.7.1.5　吸湿試験

E.7.1.5.1　適用範囲

全てのポリマーがい管の材料に適用する。

E.7.1.5.2　試験方法

毛細管現象により垂直配置した試料内を浸透液が上昇する時間を確認する。

注記　本試験方法に関しては，**IEC 61462**：2007 に規定されている。

E.7.1.5.3　合否の判定

浸透液が上昇する時間（試料上端に達する時間）が 15 分以上であること。

E.7.1.6　水分拡散試験

E.7.1.6.1　適用範囲

全てのポリマーがい管の材料に適用する。

E.7.1.6.2　試験方法

0.1 %食塩水で 100±0.5 時間煮沸（プレテスト）終了後，商用周波電圧 12 kV を 1 分間印加し，漏れ電流を確認する。煮沸後 3 時間以内に電圧試験を実施する。

注記　本試験方法に関しては，**IEC 61462**：2007 に規定されている。

E.7.1.6.3　合否の判定

・貫通及びせん絡のなきこと。

・漏れ電流が 1 mA を超えないこと。

E.7.1.7　界面と把持金具接合部の試験

E.7.1.7.1　適用範囲

全てのポリマーがい管に適用する。

E.7.1.7.2　試験方法

a)～**c)**（プレテスト）終了後 48 時間以内に **d)**　確認試験を実施する。

注記　本試験方法に関しては，**IEC 61462**：2007 に規定されている。

a)　基準商用周波乾燥フラッシオーバ試験

フラッシオーバ電圧を 5 回測定し平均値をとる。これを基準商用周波乾燥フラッシオーバ電圧とする。

b)　温度－機械プレストレス試験

試験試料に 4 方向曲げ荷重（0.5 × SML）と 2 サイクル（高低温 85 K 以上の温度差，1 サイクル 24 ～ 48 時間）の温度変化を連続的に加える。

c)　水浸漬プレストレス試験

試験試料を 0.1 %塩水で 42 時間煮沸する。試験試料両端は蓋で密封し，煮沸終了後，冷却，確認試験開始まで浸漬させたままとする。

d)　確認試験（目視検査・急しゅん波試験・商用周波乾燥フラッシオーバ試験・商用周波乾燥耐電圧試験・内部圧力試験（気密試験・水圧試験））

注記　ダイレクトモールド形の **d)**　確認試験は，目視検査，ピール試験とする。

E.7.1.7.3　合否の判定

d)　確認試験に対して，次のとおりであること。

○目視検査

・クラックなきこと。

○急しゅん波試験

・フラッシオーバが電極間で生じること。
・貫通なきこと。
○商用周波乾燥フラッシオーバ試験
・フラッシオーバ電圧が基準商用周波フラッシオーバ電圧の 90 %以上であること。
・貫通なきこと。
○商用周波耐電圧試験
・**a**） 基準商用周波フラッシオーバ電圧の 80 %の商用周波電圧に 30 分間耐えること。
・試験前後のかさ間胴部の温度上昇が 20 K 以下であること。
○内部圧力試験－気密試験（1.0 × MSP）
・圧力媒体ガス（空気，SF_6，He など）のガス漏れ量が 0.5 vol%/ 年以下であること。
○内部圧力試験－水圧試験（SIP/5 分間）
・金具接合部，ガスケット面及び FRP に破壊，水漏れなきこと。
○ピール試験（ダイレクトモールド形の場合）
・プレストレス前と比較して界面破壊率の増加が 15 %以内であること。

E.7.1.8　高温曲げ試験

E.7.1.8.1　適用範囲

少なくとも一端が気中で使用されるポリマーがい管に適用する。

E.7.1.8.2　試験方法

ポリマーがい管は，製品と同一材料・製法で製作されたもので，寸法・形状は **IEC 61462**：2007 におけるデザインテストで用いる試料と同一のものを用いる（有効長：800 mm 以上（内径の 3 倍以上），内径 100 mm 以上，肉厚 3 mm 以上）。ポリマーがい管下端を固定し，当該ポリマーがい管の頂部に次の荷重を印加し，試験を実施する。Stage ごとに合否の判定をする。試験時，当該ポリマーがい管を最高許容温度（90 ℃又は 100 ℃）±5 ℃に保持して曲げ試験を行う。

Stage 1：1.5 × MML/30 秒間

Stage 2：**E.3.3.1** で規定される許容曲げ荷重 /60 秒間

注記　**表 5** に示すポリマーがい管部分の温度上昇限度を 60K とする場合は，試験温度を 100 ℃とする。

E.7.1.8.3　合否の判定

○ Stage 1：1.5 × MML/30 秒間
・目に見えるダメージがないこと。
・気密試験を実施し，ガス漏れ量を測定する。内部圧力は 1.0 × MSP，圧力媒体ガス（空気，SF_6，He など）のガス漏れ量が 0.5 vol%/ 年以下であること。

○ Stage 2：**E.3.3.1** で規定される許容曲げ荷重 /60 秒間
・目に見えるダメージがないこと。
・気密試験を実施し，ガス漏れ量を測定する。内部圧力は 1.0 × MSP，圧力媒体ガス（空気，SF_6，He など）のガス漏れ量が 0.5 vol%/ 年以下であること。

E.7.2　タイプテスト

E.7.2.1　内部圧力試験

E.7.2.1.1　適用範囲

定格ガス圧力が 0.05 MPa 以上で使用される全てのポリマーがい管に適用する。

E.7.2.1.2　試験方法

Stage 1～3の試験を実施し，Stageごとに合否の判定をする。

注記　本試験方法に関しては，**IEC 61462**：2007に規定されている。

Stage 1：2.0 × MSP/5分間

Stage 2：4.0 × MSP/5分間

Stage 3：SIP/5分間（SIP ＞ 4.0 × MSPの場合）

E.7.2.1.3　合否の判定

○ Stage 1：2.0 × MSP/5分間

・目に見えるダメージがないこと。

・残留ひずみ量が最大ひずみ値の±5 %以内（弾性限度内）のこと。

・気密試験を実施し，ガス漏れ量を測定する。内部圧力は1.0 × MSP，圧力媒体ガス（空気，SF_6，Heなど）のガス漏れ量が0.5 vol%/年以下であること。

○ Stage 2：4.0 × MSP/5分間

・目に見えるダメージがないこと。

注記　残留ひずみ量は最大ひずみ値の±5 %以上でもよい。

○ Stage 3：SIP/5分間

・目に見えるダメージが発生する可能性はあるが許容する。

E.7.2.2　曲げ試験

E.7.2.2.1　適用範囲

全てのポリマーがい管に適用する。

E.7.2.2.2　試験方法

Stage 1～4の試験を実施し，Stageごとに合否の判定をする。

注記　本試験方法に関しては，**IEC 61462**：2007に規定されている。

Stage 1：1.0 × MML/30秒間

Stage 2：1.5 × MML/60秒間

Stage 2.5：1.5～2.5 × MML/60秒間（オプション）

・1.5 × MML～2.5 × MMLの間は一定の荷重ステップで荷重を印加・除去し，残留ひずみ率を測定しその後気密試験を実施する。荷重ステップは当事者間の協議による。

Stage 3：2.5 × MML（SML）/60秒間

Stage 3.5：気密試験（オプション）

Stage 4：破壊試験（オプション）

E.7.2.2.3　合否の判定

○ Stage 1：1.0 × MML/30秒間

・FRP筒の割れ，抜けがないこと。

・把持金具に，目に見えるダメージがないこと。

○ Stage 2：1.5 × MML/60秒間

・FRP筒の割れ，抜けがないこと。

・把持金具に，目に見えるダメージがないこと

・残留ひずみが最大ひずみ値の±5 %以内（弾性限度内）であること。

・気密試験を実施し，ガス漏れ量を測定する。内部圧力は1.0 × MSP，圧力媒体ガス（空気，SF_6，He

など）のガス漏れ量が 0.5 vol%/ 年以下であること。

○ Stage 2.5（オプション）：1.5 × MML ～ 2.5 × MML/60 秒間

・荷重印加後の残留ひずみ率が最大ひずみ値の±5 %以下であり，その後気密試験を実施しガス漏れ量が 0.5 vol%/ 年以下である場合は，印加した荷重を許容曲げ荷重に設定する。

○ Stage 3：2.5 × MML（SML × 100 %）/60 秒間

・破壊，FRP 筒の抜けがないこと。

・残留ひずみ率が最大ひずみ値の±5 %を超過することは許容される。ただし，Stage 2.5 が未実施の場合，許容曲げ荷重は 1.5 × MML とする。

○ Stage 3.5（オプション）：気密試験

・Stage 3 にて 2.5 × MML の荷重印加後，気密試験（内部圧力は 1.0 × MSP，圧力媒体ガス（空気，SF_6，He など））を実施し，ガス漏れ量が 0.5 vol%/ 年以下の場合，許容曲げ荷重は 2.5 × MML（SML）に設定する。

○ Stage 4（オプション）：破壊試験

・破壊するまで荷重を増加させる。

・破壊値と破壊モードを記録する。

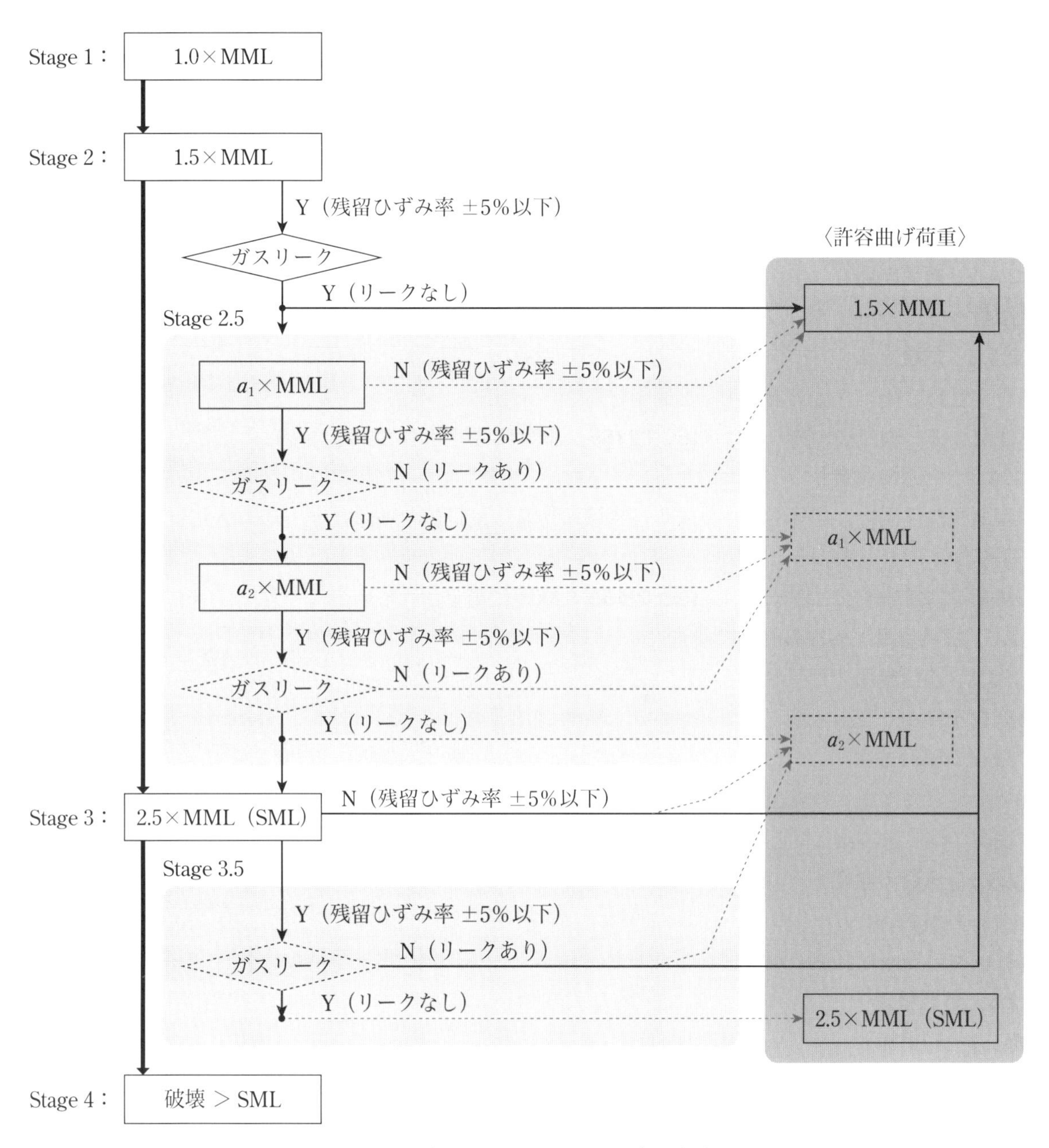

図 E.3 — ポリマーがい管の曲げ試験手順

注記 1　Stage 2.5 において，荷重印加後の残留ひずみ率が±5 %を超過した場合，又は気密試験を実施しガス漏れ量が 0.5 vol%/ 年を超過した場合は，印加荷重の 1 ステップ前の荷重を許容曲げ荷重とする。

注記 2　Stage 3.5 においてガス漏れ量が 0.5 vol%/ 年を超過した場合，Stage 2.5 未実施の際は許容曲げ荷重は 1.5 × MML とし，Stage 2.5 実施の際は，荷重印加後に気密試験を実施しガス漏れ量が 0.5 vol%/ 年以下を確認した印加荷重を許容曲げ荷重とする。

E.7.2.3　寸法検査

E.7.2.3.1　適用範囲

全てのポリマーがい管に適用する。

E.7.2.3.2　試験方法

各部の寸法を測定する。

E.7.2.3.3　合否の判定

図面と相違していないこと。寸法 (d) に公差の指定がない場合，次の公差以内であること。

・$d \leqq 300$ mm のとき $\pm(0.04 \times d + 1.5)$ mm

・$d > 300$ mm のとき $\pm(0.025 \times d + 6)$ mm

ただし，最大公差 50 mm である。

E.7.2.4　亜鉛めっき試験

E.7.2.4.1　適用範囲

亜鉛めっきを使用している全てのポリマーがい管に適用する。

E.7.2.4.2　試験方法

外観検査及びめっき付着量の測定を実施する。

注記　本試験方法に関しては，**IEC 62155**：2003 に規定されている。

E.7.2.4.3　合否の判定

外観検査は目視により異常なく，無めっき箇所が基準値以内であること。めっき付着量測定は亜鉛付着量が基準値以内であること。

注記　本試験方法に関しては，**IEC 62155**：2003 に規定されている。

E.7.2.5　把持金具と外被の界面の検査

E.7.2.5.1　適用範囲

FRP 筒を使用している全てのポリマーがい管に適用する。

E.7.2.5.2　試験方法

把持金具と外被ゴムの界面に浸透液を 20 分間浸し，目視により確認する。

注記　本試験方法に関しては，**IEC 61462**：2007 に規定されている。

E.7.2.5.3　合否の判定

・クラックがないこと。

・外被ゴムの界面に浸透液が浸透しないこと。

E.7.2.6　外観検査

E.7.2.6.1　適用範囲

全てのポリマーがい管に適用する。

E.7.2.6.2　試験方法

目視により，外被ゴムの欠陥，クラック，剥離などを確認する。

E.7.2.6.3　合否の判定

外被ゴムの欠陥，クラック，剥離などがないこと。

E.7.2.7　人工汚損交流耐電圧試験

等価霧中試験法で行うものとする。

E.7.2.7.1　適用範囲

全てのポリマーがい管に適用する。

E.7.2.7.2　試験方法

a)　汚損液の生成

汚損液は**表 E.4** に示す目標汚損度に応じて NaCl 及びとの粉量を調整し，水と混ぜ合わせて生成する。NaCl は並塩を用いる。

注記 1　との粉は **IEC 60507**：2013 に規定されている。

注記 2　汚損度とは，前処理及び汚損液の塗布を行い，課電直前にがいし表面に残存している汚損物の付着密度とする。

注記 3　汚損物は**図 E.4** に示すかさ 1 ピッチ間の全周分を採取する。かさ先端部は塩がたまりやすく誤差が大きくなるため，汚損物採取箇所は数か所から行い平均をとること。

注記 4　目標汚損度としては，想定最大の ESDD：0.01，0.03，0.06，0.12，0.35 mg/cm^2 を基本とする。

表 E.4 — 目標汚損度

項目	目標汚損度 [a]
塩分付着密度（SDD）	想定最大の等価塩分付着密度（ESDD [b]）
不溶性物質付着密度（NSDD [c]）	目標との粉付着密度　0.3 mg/cm^2

注 [a]　測定汚損度（平均値）は，目標汚損度の ±15 % 以内とする。
[b]　ESDD は，がい管の外被に付着した溶解性物質の導電率を全て NaCl に換算した場合の付着密度である。
[c]　NSDD は，がい管の外被に付着するじんあいなどの不溶解性物質の付着密度である。

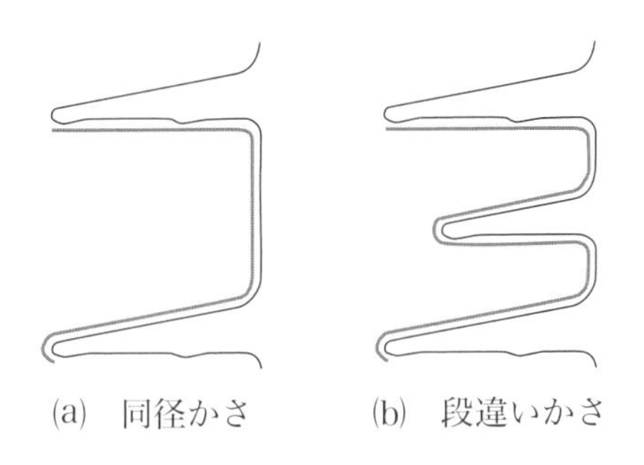

図 E.4 — 汚損部採取箇所

b)　前処理

外被表面にとの粉層を形成させた後，乾燥させる。なお，との粉層の形成方法は次のいずれかによる。

1)　スラリー法

1.1)　との粉と水 1：1 の懸濁液を，スプレーガンや筆などを用いて外被ゴム表面全体に付着させる。

1.2)　乾燥後，外被表面に緩やかな散水を行い，微量のとの粉層を残し余分を洗い流す。

1.3)　はっ（撥）水性の抑制を確認したのち，試験用に調整した汚損液を用いて汚損し，試験に供する。

2)　パウダー法

2.1)　外被ゴムを洗浄後乾燥させる。

2.2)　との粉の乾燥粒子を外被ゴム表面に擦りつけ，外被ゴム表面に食い込ませる。

2.3)　外被ゴム表面の余分のとの粉をエアダスターなどで除去する。

2.4)　外被ゴム表面に緩やかな散水を行い，余分のとの粉を洗い流す。

2.5)　はっ（撥）水性の抑制を確認したのち，試験用に調整した汚損液を用いて汚損し，試験に供する。

c)　水洗

がい管表面のとの粉や塩分などを散水により洗浄し，はっ（撥）水性が抑制されていることを確認する。水洗後，洗浄水の顕著な流下が認められなくなるまで待機する。なお，散水によるはっ（撥）水性抑制のためのとの粉層を完全に除去しないよう注意する。また濃度が高い汚損液の場合，との粉が蓄積しやすいため注意する。

d)　がい管の傾斜

がい管を 10 〜 15° 程度傾斜させ，かさ上面の水切をする。

e) 汚損

目標汚損度を与えるように調整した汚損液を用いて，がい管表面が飽和するまでスプレー又は流し掛けにて汚損する。汚損作業後，汚損液の流下が落ち着いてきたところで，がい管を直立させる。

f) 課電

30 秒〜 3 分経過後（顕著な汚損液の流下がなくなることを確認後），課電を開始し，フラッシオーバまでの時間は 10 〜 60 秒とする。なお，これを超える場合は当事者間の協議とする。

g) 5 %フラッシオーバ電圧の算出

c)〜**f)** の手順を繰り返し，フラッシオーバ電圧のばらつき（σ）が 10 %以下となるデータ 10 点以上を有効データとして取得し，5 %フラッシオーバ電圧を算出する。

試験実施時，次の点に注意すること。

・フラッシオーバ電圧が低い側の値については，安全側の評価として有効データへ含めるものとする。
・試験時は，漏れ電流波形を取得することを推奨する。
・汚損試験中の漏れ電流に対し，電圧降下率が 10 %以下であること。なお，これを超える場合は当事者間の協議とする。
・フラッシオーバ時の短絡電流が 10 A 以上であること。なお，これを超える場合は当事者間の協議とする。

E.7.2.7.3　合否の判定

がい管が**表 E.1** に示す表面漏れ距離を満足しており，かつ，次のいずれかを満たした場合，試験に合格したとする。

a) 5 %フラッシオーバ電圧が，人工汚損商用周波試験電圧を満たすこと。

注記　塩害地区仕様（SDD 0.01 mg/cm^2 超過）の場合，胴径依存性を考慮した SDD（胴径補正曲線（B 曲線），補正係数 $0.5 + 6.93D^{-0.5522}$（D：平均直径））を用いることとし，次のいずれかの方法にて胴径補正後の 5 %フラッシオーバ電圧を算出し，評価すること。

・胴径補正後の 5 %フラッシオーバ電圧を ESDD の −0.2 乗則から算出する。
・複数の目標汚損度（SDD）にて 5 %フラッシオーバ電圧が取得可能な場合は，その回帰曲線から，胴径補正後の 5 %フラッシオーバ電圧を算出する。

b) 設計漏れ距離／5 %フラッシオーバ電圧（mm/kV）を算出し，**表 E.5** に示す 1 kV 当たりの漏れ距離以下であること。

注記　等価霧中試験では，はっ（撥）水性を抑制した過酷側の条件であるため，前記 **a)** を満足しない可能性がある。そのため，供試器の設計漏れ距離と 5 %フラッシオーバ電圧の比を算出し，これと汚損設計基準曲線より期待される 1 kV 当たりの漏れ距離を比較することによる合否の判定を許容する。

表 E.5 — 期待される 1 kV 当たりの漏れ距離の近似式

区分		塩分付着密度 mg/cm^2	近似式 [a]
定格電圧 195.5 ～ 1 100 kV の平均直径 250 mm 超及び 161 kV 以下	一般地区	0.01	$L/E = (-0.0000195D^2 + 0.0495D + 13.15) \times (0.3/0.1)^{0.135}$
	塩害地区	0.03	$L/E = (-0.0000173D^2 + 0.0547D + 18.04) \times (0.3/0.1)^{0.12}$
		0.06	$L/E = (-0.0000363D^2 + 0.0801D + 18.82) \times (0.3/0.1)^{0.11}$
		0.12	$L/E = (-0.0000370D^2 + 0.0864D + 23.23) \times (0.3/0.1)^{0.105}$
		0.35	$L/E = (-0.0000504D^2 + 0.1119D + 27.46) \times (0.3/0.1)^{0.095}$
定格電圧 195.5 ～ 1 100 kV の平均直径 250 mm 以下	一般地区	0.01	$L/E = (-0.0000216D^2 + 0.0549D + 14.18) \times (0.3/0.1)^{0.135}$
	塩害地区	0.03	$L/E = (-0.0000192D^2 + 0.0607D + 20) \times (0.3/0.1)^{0.12}$
		0.06	$L/E = (-0.0000403D^2 + 0.0888D + 20.87) \times (0.3/0.1)^{0.11}$
		0.12	$L/E = (-0.0000410D^2 + 0.0958D + 25.76) \times (0.3/0.1)^{0.105}$
		0.35	$L/E = (-0.0000560D^2 + 0.1243D + 30.51) \times (0.3/0.1)^{0.095}$
注 [a] 1 kV 当たりの所要漏れ距離：L/E（mm/kV），D：平均直径（mm）とする。			

E.8 ルーチン試験

E.8.1 全数試験

E.8.1.1 外観検査

E.7.2.6 に準じて行う。

E.8.1.2 全数内部圧力試験

E.8.1.2.1 適用範囲

定格ガス圧が 0.05 MPa 以上の全てのポリマーがい管に適用する。

E.8.1.2.2 試験方法

2.0 × MSP まで水又はガス（空気，SF_6，He など）で加圧し，1 分間保持する。

注記 本試験方法に関しては，**IEC 61462**：2007 に規定されている。

E.8.1.2.3 合否の判定

破壊がないこと。

E.8.1.3 全数気密試験

E.8.1.3.1 適用範囲

定格ガス圧が 0.05 MPa 以上の全てのポリマーがい管に適用する。

E.8.1.3.2 試験方法

1.0 × MSP までガス（空気，SF_6，He など）で加圧し，5 分間以上保持する。試験方法は蓄積法とする。

注記 本試験方法に関しては，**IEC 61462**：2007 に規定されている。

E.8.1.3.3 合否の判定

ガスの漏れ量が 1.0 vol%/ 年以下であること。

E.8.2 抜取試験

抜取個数は**表 E.6** による。

表 E.6 — 抜取個数

ロットを構成するがい管個数（n）	抜取試験に供試されるがい管の個数
$n \leqq 12$	0：同一がい管に対して試験が既に実施済みで，試験成績書が使用者によって承認されている場合 1：承認済みの試験成績書がない場合
13 ≦ 100	1
101 ≦ 200	2
201 ≦ 300	3
301 ≦ 500	4
501 ≦ n	4 + (1.5n/1000) [a]
注 [a] 端数切り上げ	

E.8.2.1　寸法検査

E.7.2.3 に準じて行う。

E.8.2.2　機械的試験

E.8.2.2.1　適用範囲

全てのポリマーがい管に適用する。

E.8.2.2.2　試験方法

Stage 1 ～ 3 の試験を実施し Stage 3 終了後，合否の判定をする。

注記　本試験方法に関しては，**IEC 61462**：2007 に規定されている。

Stage 1：2.0 × MSP/5 分間

Stage 2：1.0 × MML/90 秒間

Stage 3：1.5 × MML/90 秒間

E.8.2.2.3　合否の判定

・FRP 筒の割れ，抜けがないこと。

・把持金具に破壊がないこと。

・全長，中心線の振れ，平行度が図面値のとおりであること。

・気密試験を実施し，ガス漏れ量を測定する。内部圧力は 1.0 × MSP，圧力媒体ガス（空気，SF_6，He など）のガス漏れ量が 1 vol%/ 年以下であること。

E.8.2.3　亜鉛めっき試験

E.7.2.4 に準じて行う。

E.8.2.4　把持金具と外被の界面の検査

E.7.2.5 に準じて行う。

E.9　参考試験

E.9.1　概要

ポリマーがい管の外被ゴムや FRP 筒の材料特性を把握することを目的に，判定基準を伴う試験ではないが，将来に向けたデータ取得のためにも次の参考試験の実施を推奨する。

E.9.2　試験の種類

表 E.7 に本附属書で規定される参考試験項目と試験区分を示す。試験の目的によりデザインテストが基本であるが，一部の試験については外被ゴムの特性データ蓄積のため実器から切り出したテストピースによる試験実施を推奨するため，タイプテストに区分した。

表 E.7 — ポリマーがい管の参考試験

試験項目	試験区分		備考
	参考試験		
	デザインテスト	タイプテスト	
傾斜平板法 a)	○	(○)	
耐アーク性試験 a)	○	(○)	
接触角測定 a)	○		
はっ（撥）水性回復特性測定 a)	○		**電気協同研究第 72 巻 4 号**による
接着剤高温クリープ試験 a)	○		**電気協同研究第 72 巻 4 号**による
ピール試験 a)	○	(○)	**電気協同研究第 72 巻 4 号**による
高温クリープ試験 a)	○		**電気協同研究第 72 巻 4 号**による

注記　（　）部はデータ蓄積のため実器から切り出したテストピースによる実施を推奨する。
注 a)　ダイレクトモールド形にも適用する。

E.9.3　傾斜平板法

E.9.3.1　適用範囲

全てのポリマーがい管の材料に適用する。

E.9.3.2　試験方法

次の手順により実施する。

注記　本試験方法に関しては，**IEC 60587**：2007 に規定されている

a) 印加電圧（kV）：2.5，3.5，4.5
b) 試験時間：6 時間
c) 試料表面をサンドペーパーでこすり，はっ（撥）水性をなくす
d) 0.1 %の塩化アンモニウム液を滴下させながら 50 mm 電極間に 2.5 ～ 4.5 kV の電圧を印加する。
e) トラッキング発生状況，エロージョン発生状況，漏れ電流を観測する。

E.9.3.3　取得データ

次の終点基準を満たした場合，その時点で試験は終了とする。

終点基準 A：試験片を通って高電圧回路中を流れる電流値が 60 mA を超え，2 秒以上持続したとき，又はエロージョンが試験片を貫通した時点。

終点基準 B：トラックが，下部電極から 25 mm 離れた試験片上のマークに達した時点。

E.9.4　耐アーク性試験

E.9.4.1　適用範囲

全てのポリマーがい管の材料に適用する。

E.9.4.2　試験方法

次の手順により実施する。

注記　本試験方法に関しては，**IEC 61621**：1997 に規定されている。

a) **図 E.5** のように試料表面に 6.35 mm の間隔を開けて電極をセットする。
b) 12.5 kV の開放電圧を与える。
c) 電流は 10 ～ 40 mA
d) 通電ステップは 7 段階。
e) 試験時間は各ステップ 60 秒で，通算 420 秒までとする。

E.9.4.3　取得データ

表面に発生しているアークが消滅して導通経路ができるまでの時間を，その試料の耐アーク時間とする。

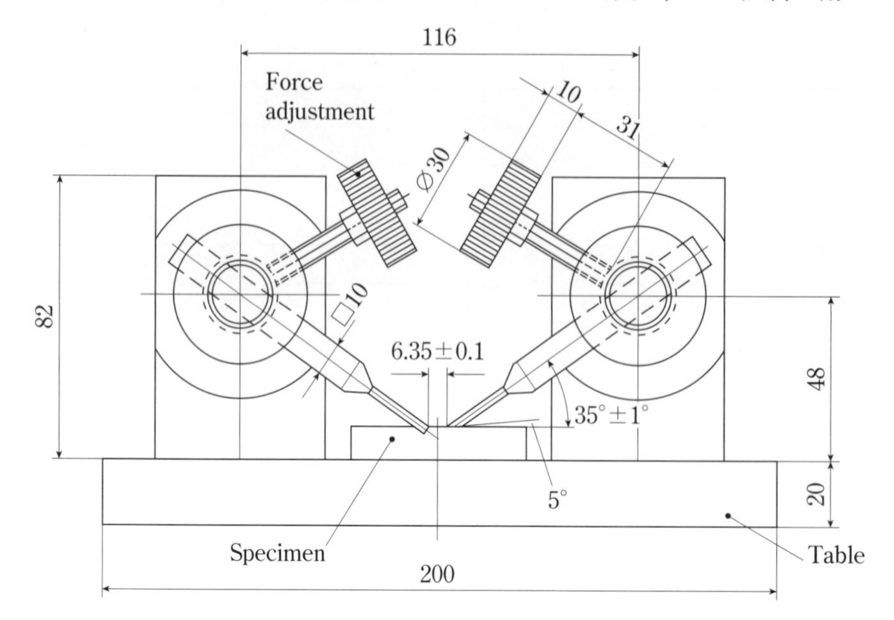

図 E.5 ― 試料セット図

E.9.5　接触角測定

E.9.5.1　適用範囲

全てのポリマーがい管の材料に適用する。

E.9.5.2　試験方法

次の手順により実施する。

注記　本試験方法に関しては，**IEC TS 62073**：2016 に規定されている。

a)　図 E.6 のように表面に配置した水滴は，水／固体／空気の界面で接線を描く。

b)　この接線と水滴の底部で形成される角度（静止接触角）を，角度測定器を用いて測定する。

注記　材料を傾けることで，前進接触角 θ_A と後退接触角 θ_R が決定されるが，この方法で表面における微視的な接触角を評価している。

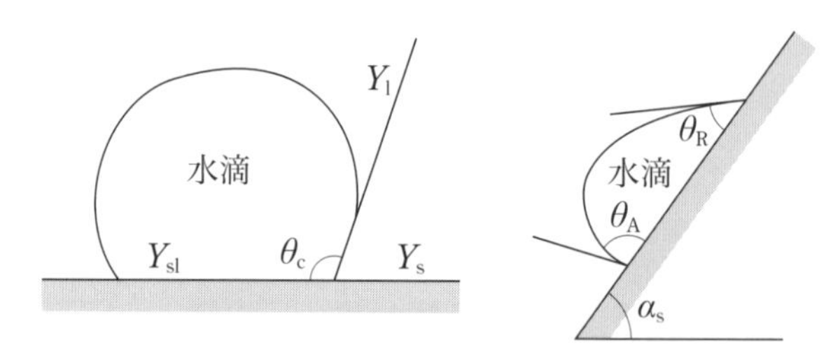

図 E.6 ― 静止接触角の定義図

E.9.5.3　取得データ

静止接触角 θ_c を測定する。$\theta_c > 90°$ ではっ（撥）水性を有していると定義される。

E.9.6　はっ（撥）水性回復特性測定

E.9.6.1　適用範囲

全てのポリマーがい管の材料に適用する。

E.9.6.2　試験方法

次の手順により実施する。

a)　アルコールによる拭取り前にはっ（撥）水性を確認する。

b)　外被ゴム表面をアルコールにて拭き取り，直後のはっ（撥）水性を確認する。

c)　はっ（撥）水性が低下している場合は，その 30 分経過後に再度はっ（撥）水性を測定しはっ（撥）水性の回復度合いを確認する。

d)　スプレー法によるはっ（撥）水性評価結果が“HC1”になれば終了とし，最長 8 時間まで測定を行う。

注記　本評価方法に関しては，**IEC TS 62073**：2016 に規定されている。

E.9.6.3　取得データ

アルコール拭取りからの経過時間とはっ（撥）水性クラス（写真データ含む）を記録する。

E.9.7　接着剤高温クリープ試験

E.9.7.1　適用範囲

FRP 筒と把持金具界面に接着剤を塗布したポリマーがい管に適用する。

E.9.7.2　試験方法

a)　試験応力レベルは 3 個以上とする。

b)　試験片を偏心しないように試験片に取り付ける。

c)　**図 E.7** のようにせん断試験片の場合は，アルミ平板に接着剤を塗布し，引張試験片の場合は，アルミ丸棒に接着剤を塗布する。

d)　次の試験条件にて，測定に必要な精度に影響しなくなった時点で荷重を加える。

試験温度：75 ℃（85 ℃），試験時間：1 000 時間以上

印加荷重：せん断荷重及び引張荷重

注記　**表 5** に示すポリマーがい管部分の温度上昇限度を 60 K とする場合は，試験温度を 85 ℃とする。

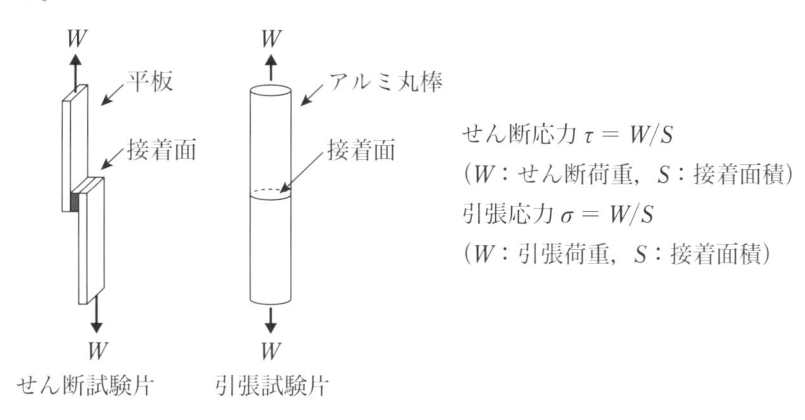

図 E.7 — 試験形態図

E.9.7.3　取得データ

クリープ破壊線図は，横軸にクリープ破壊時間（h）を対数目盛で，縦軸にクリープ破壊強さを等間隔目盛で描く。

経年後の破壊応力を確認し，運転時に常時加わる応力に対し，裕度があることを確認する。

内部圧力強度（せん断）は 1.0 × MSP（最大使用圧力），曲げ荷重（引張）は 0.5 × MML（常時荷重を MML 換算した値）が常時加わるものとし，各荷重の応力換算値を用いる。

E.9.8　ピール試験

E.9.8.1　適用範囲

FRP 筒にシリコーンゴムなどをプライマーにて接着したポリマーがい管に適用する。

E.9.8.2　試験方法

a)　ポリマーがい管作製

製品と同じ素材及び製法にて作製するが，サイズは特に指定しない。

b)　テストピースの作製

ピール試験の対象とするのは，ポリマーがい管から切り出したテストピースとする。

c)　煮沸による加熱劣化

100 ℃，0.1 %塩水を使用してテストピースを煮沸し，加熱劣化させる。最低 100 時間煮沸する。

d)　加熱劣化前測定用テストピースの加工

加熱劣化前（新品状態）の測定用テストピースのゴムに 5 mm 角，3 × 3 にカッターで切り込みを入れる。

e)　引張実施

計 9 か所の切り込みそれぞれを工具でつかみ，引張試験機で引っ張る。

E.9.8.3　取得データ

ゴムが剥離又は破断する際の強度（N/mm^2）を測定するとともに，界面破壊率を算出する。

新品状態のテストピースと塩水煮沸による加速劣化ストレスを加えたテストピースのピール試験結果を初期データとして取得する。

E.9.9　高温クリープ試験

E.9.9.1　適用範囲

使用時に常時長時間曲げ荷重が加わるポリマーがい管に適用する。

E.9.9.2　試験方法

a)　ひずみゲージを，**図 E.8** のように FRP 筒外表面に貼り付ける。

○内部圧力試験

有効長の 1/2，正対する 2 か所で，各軸，円周方向の 2 軸とする。

○曲げ試験

下部金具上端より 30 mm，

圧縮側，引張側の 2 か所で，軸方向の 1 軸とする。

b)　次の試験条件にて内部圧力試験又は曲げ試験を実施する。

試験温度：75 ℃（85 ℃），試験時間：1 000 時間以上

印加荷重：内部圧力試験　供試器の 1.0 × MSP

曲げ試験　供試器の 0.5 × MML（常時荷重を MML 換算）

注記 1　**表 5** に示すポリマーがい管部分の温度上昇限度を 60 K とする場合は，試験温度を 85 ℃とする。

注記 2　内部圧力・自重分の常時荷重は MML の 1/2 以下が一般的であるため，曲げ荷重としては 0.5 × MML を印加する。

c)　ひずみ量の取得

“ひずみ−時間特性”を測定する。

各試験のひずみ量は下記タイムスケジュールで測定するのが望ましい（不規則に変化する場合は，次

のタイムスケジュールより多く測定する)。

時間：1，2，5，10，20，50，100，200，500，700，1 000 時間

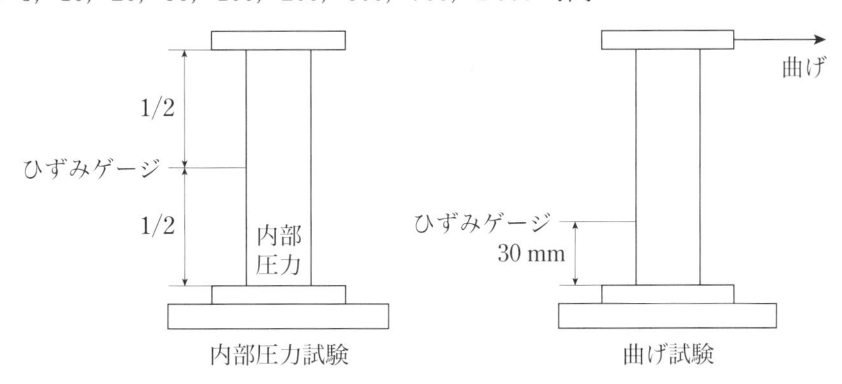

図 E.8 — ひずみゲージ設置位置

E.9.9.3　取得データ

クリープひずみ－時間線図は，横軸に経過時間（h）を対数目盛で，縦軸にクリープひずみを等間隔目盛で描く。

経年後のひずみ量が破壊レベルのひずみ量に達しない荷重を確認し，運転時に常時加わる荷重に対し，裕度があることを確認する。

E.10　類似形式器の要件

E.10.1　概要

形式試験実施済みのポリマーブッシングにおいて，一部の仕様・構造が変更となった場合においても，変更内容によっては変更前と同等又はそれ以上の特性・性能が得られると判断できる場合は，変更前の形式器（ベース器）のデータ準用が可能である。

各変更項目に対し，実施すべき形式試験を選定し，各試験に対して類似形式器となる要件を規定した。材料・構造変更時の要件を**表 E.8**，仕様変更時の要件を**表 E.9** に示す。なお，仕様変更に伴い，構造が変更される場合，それぞれの試験を満足する必要がある。

ここでは，代表的な変更項目に対して整理しているが，ここに示していない変更項目や実施すべき試験に対しては，当事者間の協議により決定する。

注記　類似形式器とは，同一形式ではないが，一部試験についてベース器と同一形式相当と判断し，試験データ準用が可能な形式器のことを示す。

E.10.2　実施すべき形式試験

E.10.2.1　材料・構造が変更となった場合

表 E.8 による。

E.10.2.2　仕様が変更となった場合

表 E.9 による。

表 E.8 — 材料・構造変更に伴い実施すべき形式試験

変更項目	実施すべき形式試験	類似形式器となる要件	形式試験及び類似形式器の考え方
外被ゴム材料	・外被ゴム・界面に関するデザインテスト a)	なし	・外被ゴム材料変更の都度，デザインテストを実施し，材料性能を確認する。
かさ形状（ストレート / テーパ含む）	・人工汚損交流耐電圧試験	なし	・かさ形状により汚損耐電圧が変わるため，変更の都度実施。
FRP の材料・製造方法	・FRP・界面に関するデザインテスト b)	なし	・FRP の材料・製造方法の変更の都度，デザインテストを実施し，材料性能を確認する。
	・機械的強度試験 c)	なし	・FRP の材料・製造方法の変更により機械的強度が変わるため，変更の都度実施。
FRP の厚さ又は直径	・機械的強度試験 c)	FRP の厚さ又は直径が増加の場合	・ベース器より FRP の厚さ又は直径が増加する場合，機械的強度は高くなるため，試験データの準用可能。
	・電気的試験	最大電界強度が下回る場合	・解析で得られる最大電界強度がベース器を下回る場合は，ベース器の試験データを準用可能。
	・通電試験	FRP の厚さが減少又は直径が増加の場合	・FRP の厚さが減少又は直径が増加すると放熱特性が向上し，通電時の温度上昇は低下する。このため，FRP の厚さが減少，又は直径が増加する場合はベース器の試験データを準用可能。
がい管の平均直径	・電気的試験 d)	ガス中・外被表面の最大電界強度が下回る場合	・平均直径の変更によりガス中及び外被表面電界強度がベース器より下回る場合は，ベース器の試験データを準用可能。
	・人工汚損交流耐電圧試験	平均直径が同等未満の場合	・平均直径を±5 %以内で変更する場合，耐電圧への影響は 1 ～ 2 %程度であるため，ベース器の試験データの準用可能。 ・平均直径が小さくなると，必要漏れ距離が短縮されることから，ベース器の試験データを準用可能。
がい管の全長	・機械的強度試験 c)	全長が短くなる場合	・ベース器より全長が短尺化する場合，機械的強度は高くなるため，ベース器の試験データの準用可能。
	・電気的試験 d)	全長が長くなる場合	・全長が長くなると，ブッシング上部（充電部）と下部（接地側）の距離が広がるため，ガス中及び外被表面の電界強度はベース器よりも低減されることから，ベース器のデータを準用可能。
	・通電試験	がい管構造，導体構造が同じ場合	・全長変更時，がい管構造（直径・厚さ），導体構造（通電断面積，材料）が同じであれば，発熱・放熱特性は同じであり相殺されることから，通電時の温度上昇は変わらないため，ベース器の試験データを準用可能。
	・人工汚損交流耐電圧試験	全長（漏れ距離）が長くなる場合	・汚損耐電圧は漏れ距離に比例することから，かさ形状・平均直径が変わらなければ，全長（漏れ距離）が長くなる場合はベース器の試験データを準用可能。

表 E.8 — 材料・構造変更に伴い実施すべき形式試験（続き）

変更項目	実施すべき形式試験	類似形式器となる要件	形式試験及び類似形式器の考え方
中心導体又は内部シールド	・電気的試験 d)	解析によるガス中・外被表面の最大電界強度が下回る場合	・中心導体構造，又は内部シールド構造が変更になると，中心導体・内部シールドの表面電界強度，及び外被表面電界強度が変わるが，解析による各部の最大電界強度がベース器を下回る場合は，ベース器の試験データを準用可能。
	・通電試験	通電損失の低減，又は放熱特性が向上する場合	・中心導体構造が変わらず，通電断面積が同一以上，又は材質がアルミニウムから銅への変更など通電損失が低減される場合は，温度上昇が抑制されるためベース器の試験データを準用可能。
	・人工汚損交流耐電圧試験	—	・汚損耐電圧性能は，中心導体・内部シールドに依存しないため対象外。
把持金具	・亜鉛めっき試験 ・把持金具と外被の界面の検査	なし	・把持金具を変更する場合は，単体試験を変更の都度実施。
	・機械的強度試験 c)	なし	・把持金具の変更により，機械的強度が変わるため，変更の都度実施。
がい管の固定ボルト	・機械的強度試験 c)	ボルトサイズ・本数増加の場合	・ボルトサイズ・本数増加の場合，機械的強度は高くなるため，ベース器の試験データを準用可能。

注 a) 硬度，紫外線照射試験，塩霧試験，難燃性試験，水分拡散試験，界面と把持金具接着部の試験，各種参考試験
b) 吸湿試験，水分拡散試験，界面と把持金具接着部の試験，ピール試験（参考試験）
c) 機械的強度試験……内部圧力試験，曲げ試験
d) 電気的試験……商用周波耐電圧試験（乾燥・注水），雷インパルス乾燥耐電圧試験，開閉インパルス耐電圧試験（乾燥・注水），耐電圧試験，部分放電試験，可視コロナ試験（乾燥・注水）

表 E.9 ― 仕様変更に伴い実施すべき形式試験

変更項目	実施すべき形式試験	類似形式器となる要件	形式試験及び類似形式器の考え方
定格電圧（定格耐電圧）	全ての形式試験	ベース器より定格電圧が低い	・定格電圧が低くなる場合は，耐電圧仕様が低減されるため，ベース器の試験データを準用可能。
定格電流	温度上昇試験	ベース器より定格電流が小さい	・ベース器より定格電流が小さい場合，温度上昇は抑制されるため，ベース器の試験データが準用可能。
定格短時間耐電流	耐荷重試験	ベース器と機械的荷重（計算値）が同等以下	・**4.8** に基づき，曲げ荷重計算を行い，機械的強度の計算値がベース器と同等以下であれば，ベース器の試験データの準用可能。 ・全長が最長となる形式器（H 号相当）にて試験を実施すれば，L 号・M 号は試験データの準用可能。
	短時間耐電流試験	―	・**8.13** に基づき，計算にて評価可能なため，変更の都度実施。
定格ガス圧力	耐電圧試験[a] 又は電界解析	ベース器より定格ガス圧力が高い	・がい管内部の電界強度と設計基準値とを比較評価し，耐電圧試験の要否を検討すること。 ・ベース器より定格ガス圧力が高くなる場合，絶縁性能は向上するため，ベース器の試験データの準用可能。 ・外被表面の条件が同一のため注水試験は不要。
	内部圧力試験	ベース器より定格ガス圧力が低い	・ベース器より定格ガス圧力が低い場合，試験時の内部圧力は低下するため，ベース器の試験データを準用可能。
汚損仕様（漏れ距離）	耐電圧試験[a]	ベース器より全長が長尺	・ベース器より全長が長尺となる場合，対地離隔距離が長くなるため，ベース器の試験データが準用可能。
	機械的強度試験[b]	ベース器より全長が短尺	・ベース器より全長が短尺となる場合，機械的強度（短時間耐電流強度など）は向上するため，ベース器の試験データが準用可能。 ・ただし，耐震性能については寸法により固有振動数が変化するため実施が必要な場合がある。
	人工汚損交流耐電圧試験	ベース器と次が同一 ・平均直径 ・かさ形状 ・テーパ度	・ベース器と平均直径，かさ形状，テーパ度が同一の場合，汚損耐電圧は漏れ距離に比例するため，ベース器の人工汚損試験結果の換算にて評価可能。 ・汚損耐電圧は有効長に比例し，汚損度に対しては $(SDD)^{-0.2}$ 則に従うことから，換算により評価可能。

注 a)　耐電圧試験……商用周波乾燥耐電圧試験，商用周波注水耐電圧試験，雷インパルス乾燥耐電圧試験，開閉インパルス乾燥耐電圧試験，開閉インパルス注水耐電圧試験，部分放電試験

b)　機械的強度試験……耐荷重試験（曲げ試験），耐荷重試験（耐震試験）

E.11　ポリマーがい管の種類

ポリマーがい管には，耐汚損特性区分（一般，軽・中汚損，重汚損）に対応させて有効長，表面漏れ距離の異なるものがある。耐汚損特性区分に対応したポリマーがい管の種類を**表 E.10** に示す。

表 E.10 — ポリマーがい管種類

塩分付着密度 mg/cm^2	定格電圧 kV	
	3.45 ～ 287.5	550，1 100
0.01	L（一般）	L（一般）
0.03	M（軽・中汚損）	M（軽・中汚損）
0.06		H（重汚損）
0.12	H（重汚損）	−

注記　（　）内は対応する耐汚損特性を示す

附属書 F
（参考）
ブッシング用統一がい管

F.1　一般事項

ブッシングの大気中で使用される磁器がい管は，使用時の耐塩害汚損管理を考慮して，**表 F.1** を標準としている。

注記　一般に用いられるブッシングは，この統一がい管が使用されている。特殊なブッシングで構造上この統一がい管を使用できない場合は，がい管有効長，表面漏れ距離などを統一がい管に合わせて使用されている。

F.2　統一がい管の適用範囲

本規格に規定する定格電圧 6.9 kV から 1 100 kV の単一形ブッシング，油入ブッシング，ガス封入ブッシング及びコンデンサブッシングに適用する。

F.3　統一がい管の種類とがい管呼称

統一がい管には耐汚損特性区分（一般，軽・中汚損，重汚損）に対応させて有効長，表面漏れ距離の異なるものがある。

各がい管には**表 F.1** の第 1 項に示すブッシングの定格電圧に対応した電圧による呼称と，第 2 項に示す汚損特性に対応した L，M 及び H の呼称とを -（ハイフン）で結んだがい管呼称を付ける。

注記　例えば，がい管呼称 154-M はブッシングの定格電圧 161 kV 用 M（軽・中汚損用）がい管を表す。

表 F.1 — 統一がい管呼称

定格電圧 kV	呼称の種類		
	第 1 項	第 2 項	
	電圧による呼称	汚損特性による呼称	耐汚損特性区分 [a]
6.9	6		
11.5	11	L	一般 [b]
23	22		
34.5	33		
69	66		
80.5	77		
92	88	M	軽・中汚損 [c]
115	110		
161	154		
195.5	187		
230	220		
287.5	275	H	重汚損 [d]
550	500		
1 100	1 000		

注 [a] **電気協同研究第 35 巻第 3 号**参照。
[b] 塩分付着密度 0.005 mg/cm^2 を目安とする。
[c] 塩分付着密度 0.06 mg/cm^2 以下。ただし，1 000 kV 及び 500 kV がい管については，軽汚損（塩分付着密度 0.03 mg/cm^2 以下）の耐汚損特性をもつがい管を M，軽・中汚損（塩分付着密度 0.06 mg/cm^2 以下）の耐汚損特性をもつがい管を H と呼称する。
[d] 塩分付着密度 0.06 mg/cm^2 超過 0.12 mg/cm^2 以下。

F.4 統一がい管の寸法

統一がい管の寸法を**表 F.2**，**表 F.3** に示す。

表 F.2 — 磁器がい管の主要寸法（その 1）

がい管の種類	がい管呼称	有効長 mm	表面漏れ距離 mm	平均直径 mm	かさ枚数	水切かさ枚数	胴径 mm 上部	胴径 mm 下部
単一形ブッシングがい管	6-M	110	220	100	2	—	65	65 a)
				110			75	75 a)
				120			85	85 a)
				140			105	105 a)
				160			125	125 a)
	11-M	160	350	110	3	—	75	75 a)
				120			85	85 a)
				140			105	105 a)
				160			125	125 a)
	22-L	270	590	135	4	—	85	85 a)
				155			105	105 a)
				175			125	125 a)
	22-H	370	960	135	6	—	85	85 a)
				155			105	105 a)
				175			125	125 a)
	33-L	370	850	150	6	—	105	100 a)
				170			125	120 a)
	33-H	520	1 400	150	9	—	105	100 a)
				170			125	120 a)
磁器がい管	33-L	370	850	175	6	—	115	135
				210			145	170
	33-H	520	1 400	175	9	—	115	135
				210			145	170
	66-L	650	1 660	205	9	—	140	140
				230			130	180
				250			145	205
	66-M	900	2 490	205	12	—	140	140
				230			130	180
				245			145	205
	66-H	1 100	3 080	230	15	—	130	180
				245			145	205

注 a) 下部胴径は気中部の寸法である。

表 F.2 — 磁器がい管の主要寸法（その 2）

がい管の種類	がい管呼称	有効長 mm	表面漏れ距離 mm	平均直径 mm	かさ枚数	水切かさ枚数	胴径 mm	
							上部	下部
磁器がい管	77-L	750	1 870	230	10	–	130	180
				250			145	205
				280			180	240
	77-M	1 100	3 080	230	15	–	130	180
				245			145	205
				275			180	240
	77-H		3 560	230		–	130	180
				245			145	205
				275			180	240
	88-L	900	2 490	245	12	–	145	205
	88-M	1 100	3 560		15			
	88-H	1 200	3 820		16			
	110-L	1 250	3 500	295	17	–	180	265
	110-M	1 540	4 410		21	2		
	110-H		5 030					
	154-L	1 500	3 750	325	20	–	196	315
	154-M	2 210	6 330	320	30	3		
	154-H		7 215					
	187-L	1 500	3 750	325	20	–	196	315
	187-M	2 210	6 330	320	30	3		
	220-L	2 210	6 180	400	30	–	222	425
	220-M	2 500	8 190	405	34	3		
	275-L	2 200	5 580	450	30	–	222	490
	275-M	3 200	10 590	445	44	4		
	500-L	4 950	15 850	675	69	–	440	800
	500-M	6 250	20 400		88	4		

表 F.3 — コンパクト磁器がい管の主要寸法

がい管 呼称 [a]	有効長 mm	表面 漏れ距離 mm	平均直径 mm	かさ枚数	水切 かさ枚数	胴径 mm	
						上部	下部
C66-L	650	1 640	225	12	—	145	205
C66-M	685	2 520	240	10			
C66-H	765	2 800		11			
C77-L	765	1 920	225	14	—	145	205
C77-M		2 800	240	11			
C77-H	885	3 270		13			
C88-L	900	2 220	225	16	—	145	205
C88-M		3 280	245	13			
C88-H	1 030	3 780	240	15			
C110-L	1 250	3 160	270	23	—	180	265
C110-M		4 350	290	17	2		
C110-H	1 350	5 000		20			
C154-L	1 500	3 820	270	28	—	180	265
C154-M	1 630	6 060	285	24	2		
C154-H	2 000	7 150		28			
C187-L	1 500	3 820	270	28	—	180	265
C187-M	1 630	6 060	285	24	2		
C187-H	2 000	7 150		28			
C220-L	2 200	5 690	380	42	—	196	425
C220-M		8 110	390	32	3		
C220-H							
C275-L	2 200	5 690	380	42	—	196	425
C275-M	2 340	8 820	395	35	3		
C275-H	2 690	10 090	390	40			
C500-L	4 750	15 300	620	65	—	370	700
C500-M		19 600	655	42			
C500-H	5 750	23 500		51	5		
C1000-M	10 620	46 400	1 120	105	8	550	1 320

注 [a]　コンパクトがい管のがい管呼称は，頭に“C”を付けるものとする。
コンパクトがい管とは，**JEM 1397**-1981 のがい管を小形化したものである。

附属書 G
（参考）
ブッシングの構造及び絶縁構成別種類

3.2　ブッシングの構造及び絶縁構成別種類については，次の 4 種類で区分けする。

a）**3.2.1**　単一形ブッシング又は **3.2.2**　複合絶縁ブッシング

絶縁の主体が単一種類の固体絶縁物であるものを単一形とし，絶縁材料が二つ以上の異なる絶縁物の組合せからなるものを複合絶縁として区分けする。

b）外被材料

外部絶縁の違いにより，次の 2 種類に区分けする。

1）**3.2.3**　磁器ブッシング

外部絶縁が磁器がい管で構成されたブッシング。

注記　磁器ブッシングは，固体絶縁物が磁器である単一形ブッシングを含む。

2）**3.2.4**　ポリマーブッシング

外部絶縁がポリマー材料（シリコーンゴムなど）で構成されたブッシング。

c）内部充填材料

中心導体と外被材料の間に充填される絶縁材料の種類（液体，ガス，固体）により区分けする。

d）コンデンサコア材料

コンデンサコアの材料により区分けする。

以上の区分けについて整理したものを**図 G.1** 及び**表 G.1** に示す。

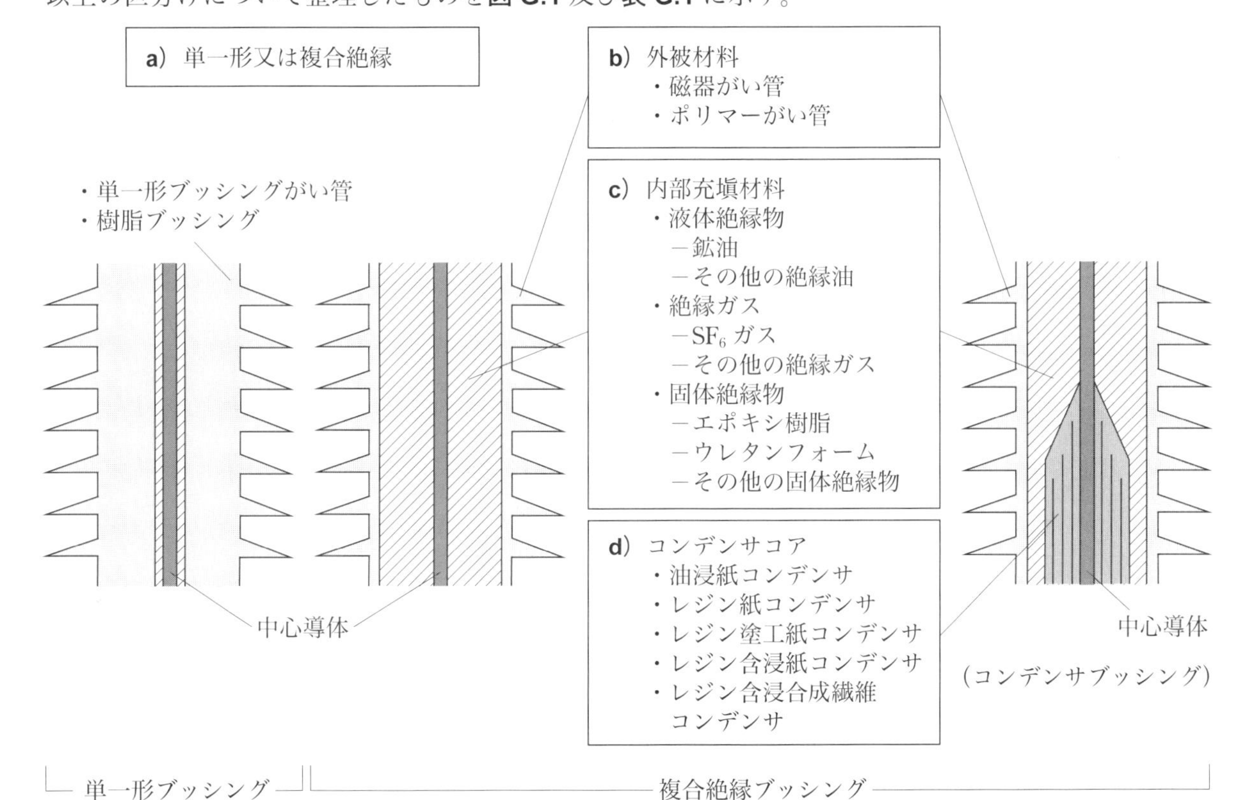

図 G.1 — ブッシングの構造及び絶縁構成別種類について

表 G.1 ― ブッシングの絶縁構成別種類について

a） 単一形／複合絶縁	**b**） 外被材料	**c**） 内部充填材料	ブッシング種類
3.2.1 単一形ブッシング	単一形ブッシングがい管 （磁器がい管）	磁器 （外被と一体の固体絶縁物）	**3.2.3** 磁器ブッシング（単一形）
	樹脂[a]	樹脂[a] （外被と一体の固体絶縁物）	**3.2.1.1** 樹脂ブッシング
3.2.2 複合絶縁ブッシング	磁器がい管 （**3.2.3** 磁器ブッシング）	液体絶縁物	**3.2.5** 液体封入ブッシング ・**3.2.5.1** 油入ブッシング ・**3.2.8** コンデンサブッシング
		絶縁ガス	**3.2.6** ガス封入ブッシング ・**3.2.6.1** ガス絶縁ブッシング[b] ・**3.2.6.2** ガス充填ブッシング ・**3.2.8** コンデンサブッシング
		固体絶縁物	**3.2.7** 固体絶縁ブッシング ・**3.2.8** コンデンサブッシング
	ポリマーがい管 （**3.2.4** ポリマーブッシング）	液体絶縁物	**3.2.5** 液体封入ブッシング ・**3.2.5.1** 油入ブッシング ・**3.2.8** コンデンサブッシング
		絶縁ガス	**3.2.6** ガス封入ブッシング ・**3.2.6.1** ガス絶縁ブッシング[b] ・**3.2.6.2** ガス充填ブッシング ・**3.2.8** コンデンサブッシング
		固体絶縁物	**3.2.7** 固体絶縁ブッシング[c] ・**3.2.8** コンデンサブッシング[c]

注 [a] ここでいう樹脂とは，エポキシ樹脂やウレタンフォーム等，有機材料の固体絶縁物を示す。
[b] ガス絶縁開閉装置の一部を形成し，絶縁ガスがガス絶縁開閉装置と共通であるブッシングを含む。
[c] 固体絶縁ブッシングやコンデンサブッシングなどの表面にポリマー材料を直接モールドしたダイレクトモールド形のブッシングを含む。

附属書 H
（参考）
中心導体の最高温度算出方法

中心導体の最高温度 θ_M は，式（1），式（2）によって算出する。

$$\theta_M = \frac{\left[3\left(\frac{R_C}{R_A} \times \frac{1}{\alpha} + \theta_A\right) - \frac{3}{\alpha} - \theta_1 - \theta_2\right]^2 - \left[\theta_1 \times \theta_2\right]}{3\left[2\left(\frac{R_C}{R_A} \times \frac{1}{\alpha} + \theta_A\right) - \frac{2}{\alpha} - \theta_1 - \theta_2\right]} \quad \cdots\cdots (1)$$

$$M = \left[3\left(\frac{R_C}{R_A} \times \frac{1}{\alpha} + \theta_A\right) - \frac{3}{\alpha} - \theta_1 - \theta_2\right] - \theta_M \quad \cdots\cdots (2)$$

式（2）の M が正のときは，最高点温度は θ_M となり，温度最高点は中心導体の中間のどこかに存在する。M が負又は 0 のときは高温側端部となる。

中心導体温度の低温側端部からの距離 L_M は式（3）で計算される。

$$L_M = \frac{L}{1 \pm \sqrt{\frac{\theta_M - \theta_2}{\theta_M - \theta_1}}} \quad \cdots\cdots (3)$$

α ：R_A 測定時の抵抗の温度係数
θ_1：中心導体の低温側端部の測定温度（℃）
θ_2：中心導体の高温側端部の設定温度（℃）
θ_A：一様温度分布時の導体温度（℃）
θ_M：中心導体の最高点温度（℃）
L ：中心導体の長さ
L_M：中心導体の低温側端部から温度最高点までの長さ
R_A：一様温度分布時の導体温度 θ_A における中心導体の抵抗値
R_C：熱平衡時の定格電流における中心導体の抵抗値

附属書 I
(参考)
支持金具及び取付用部品の密封試験

9.9.3 に示すガスに浸漬するブッシングに適用する支持金具及び取付用部品の密封試験の合否の判定について，各条件に該当するブッシングの構造及び測定対象とするガス漏れの範囲を次に記す。

I.1　絶縁ガスが周囲に直接放散する構造のブッシング

3.3.2，**3.3.5**，**3.3.6** に示される気中－ガス中用ブッシング，ガス中－ガス中用ブッシング，ガス中－油中用ブッシングが該当する。**図 I.1** に示すように，対象区画の絶縁ガスがブッシングの支持金具及び取付用部品を介して大気に放散する構造を有する場合に放散するガス量を測定対象とする。

注記　対象区画はガス絶縁開閉装置の他，ガス絶縁変圧器などのガス絶縁機器に準用してもよい。

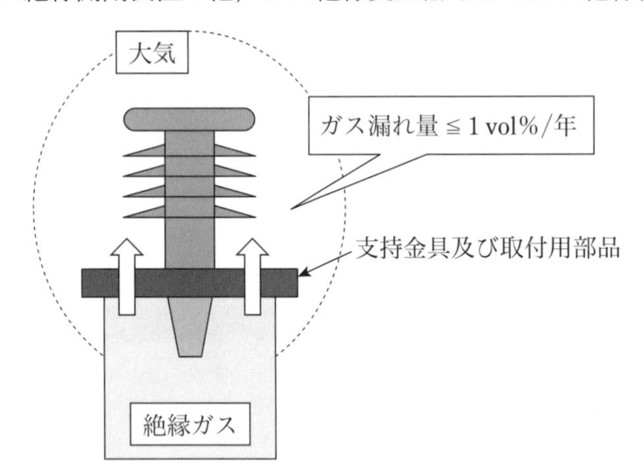

図 I.1 — 絶縁ガスが周囲に直接放散する構造のブッシング

I.2　絶縁ガスがブッシングの中に侵入する構造のブッシング

3.3.2，**3.3.5**，**3.3.6** に示される気中－ガス中用ブッシング，ガス中－ガス中用ブッシング，ガス中－油中用ブッシングのうち，**3.2.5**，**3.2.8** で示される液体封入ブッシング及びコンデンサブッシングで絶縁油や樹脂などの液体に含浸された内部絶縁物を構成するブッシングが該当する。**図 I.2** に示すように，対象区画に接続されたブッシングの支持金具及び取付用部品を介して対象区画の絶縁ガスがブッシング内部の液体中へ侵入する構造を有する場合に侵入するガス量を測定対象とする。

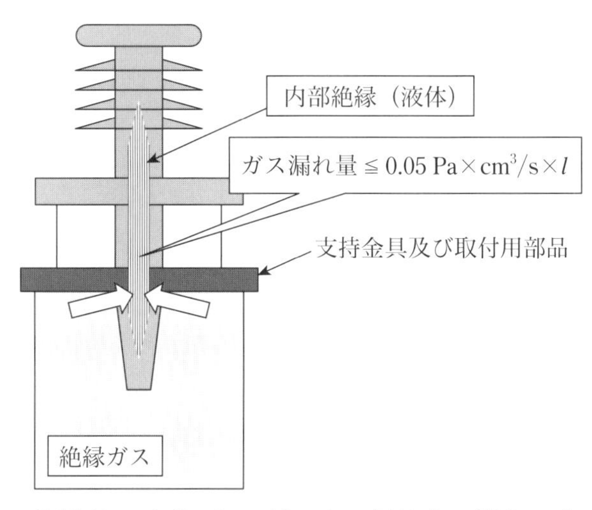

図 I.2 ― 絶縁ガスがブッシングの中に侵入する構造のブッシング

I.3　他端が油入変圧器用に設計され，絶縁ガスが直接変圧器に侵入する構造のブッシング

他端が油入変圧器用に設計された **3.3.6** に示されるガス中－油中用ブッシングが該当する。**図 I.3** に示すように，絶縁ガス側に浸漬されるブッシングの支持金具及び取付用部品を介して油入変圧器内部へ侵入する構造を有する場合に侵入するガス量を測定対象とする。また，絶縁ガス側に浸漬されるブッシングの支持金具及び取付用部品を介して大気に放散する構造を有する場合は，放散するガス量も測定対象とする。

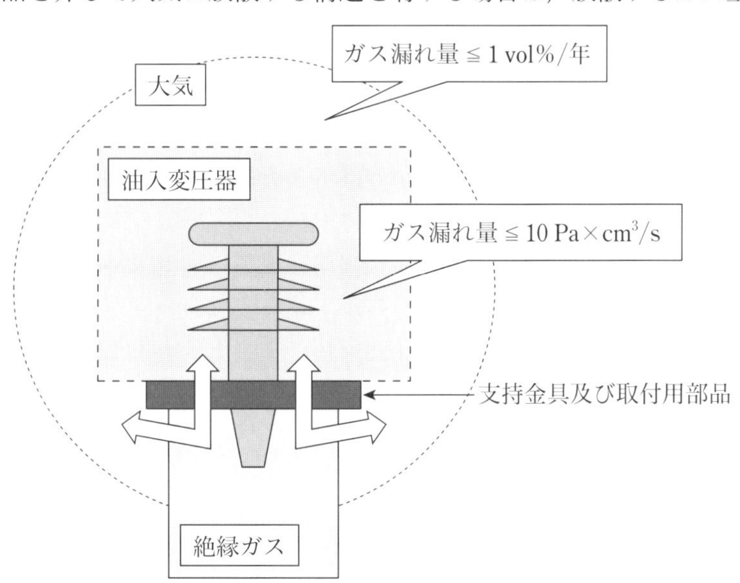

図 I.3 ― 他端が油入変圧器用に設計され，絶縁ガスが直接変圧器に侵入する構造のブッシング

附属書 J

（参考）

JEC-5202-2007 改正時の解説

この附属書は本規格利用者の利便性を考慮し，**JEC-5202**-2007 の巻末に“**解説**”として記載されていた内容から，背景の理解が必要な技術的な項目を抜粋して記載した。

a）　4.5　温度上昇限度

温度上昇限度の規定について，下記に示す以外は **IEC 60137**-2003 に示された最高許容温度を基準に設定した。

1） 周囲温度について，**IEC 60137**-2003 では 30 ℃としているが，適用機器の **JEC** 規格においては，40 ℃が一般的であるため，これらに合わせて 40 ℃とした。

2） 油中部分の温度上昇については，**IEC 60137**-2003 における最高許容温度の規定が，**JEC-183**-1984 で規定されていた値を下回る項目があったため，これらについては，**JEC-183**-1984 での規定値を準用することとした。

3） SF_6 ガス及び油中を除く絶縁部及び絶縁物に接する金属部分については，**JEC-2350**-2005 にて規定された値を準用した。

b）　4.6　定格耐電圧（商用周波耐電圧）

195.5 kV 以上のクラスにおいて，商用周波耐電圧には原則として長時間試験値を用いるものとしたが，**IEC 60137**-2003 と整合を取り，従来どおりの短時間試験にて代用することも許容することとした。

この経緯として，**電気協同研究第 44 巻第 3 号**を参照すると，*V-t* 特性の傾斜を基にして **JEC-2200**-1995 や **JEC-2350**-2005 の長時間試験の電圧値と印加時間が定められており，長時間試験よりも短時間試験の方が厳しい条件であることから，短時間試験の性能検証能力が長時間試験の検証能力と同等以上であると評価している。ただし，長時間試験ではブッシングの外部絶縁及び内部絶縁の両方の健全性を確認可能であることから，部分放電試験を兼ねることが可能であるが，短時間試験のみでは部分放電の有無による内部絶縁の健全性を確認することができないため，短時間試験にて代用する場合は，別途部分放電試験を実施することとした。

c）　4.8　機械的強度（地震力）

JEC-183-1984 と整合を取るため，静的地震力や系統短絡による電磁機械力などの重畳荷重に耐えるとともに，取付状態における固有振動数が地震の卓越振動数の領域又はその近傍にある少なくとも一端が気中で使用される定格電圧 161 kV 以上のブッシングについては，動的地震力にも耐えることとした。

地震の波は震源からブッシングに伝達される間にまず表層地盤によって増幅され，更に基礎及びブッシングを取り付けた機器などで増幅される。その大きさは設置場所の地盤条件，基礎及び機器などの構造などによって異なるが，**JEAG 5003**-1998 及び**電気協同研究第 38 巻第 2 号**に基づき，次の考え方により所要耐震強度を規定した。

1）　地表面の地震力と波形

1.1）　地震力

過去の地震記録（1904 ～ 1978 年の 75 年間）から，再起年 75 年の地表面水平方向加速度の期待値を求めるとほとんどの地域で 3 m/s^2 以下である。また全国の代表的な変電所地点について再起年 75 年の基盤最大加速度想定値から地表層における加速度を推定しても 3 m/s^2 を超える確率はわずかである。これらにより，地表面の水平方向加速度を 3 m/s² とした。

また，鉛直方向加速度については，過去の地震記録から水平方向加速度の 1/2 とした。

1.2）　波形

検証が容易で簡素であること及び他の機器との協調を考慮して，共振正弦波を用いることとした。

加振波数は実地震波との等価性から地表面では 2 波とした。

2）　ブッシングの所要強度

1）で決定した地表面の地震力に基礎及び機器などによる増幅を考慮して所要耐震強度とした。

2.1）　水平方向地震力

2.1.1）　変圧器類に使用されるブッシング

基礎及び機器本体による増幅率を 2.0 倍，不確定な要因による影響を 1.1 倍とした。地表面の水平方向地震力“共振正弦 2 波の 3 m/s²”にこの増幅を考慮した地震力を求め，これと等価な“共振正弦 3 波 5 m/s²”をブッシングポケットの下端に入力することとした。

注記

$$\text{共振正弦 3 波 } 5\text{m/s}^2 = \frac{\text{共振正弦 2 波 } 3\text{m/s}^2 \times 2.0 \times 1.1}{1.3}$$

ここに，$1.3 = \dfrac{\text{共振正弦 3 波の加速度応答倍率}}{\text{共振正弦 2 波の加速度応答倍率}} = \dfrac{6.1}{4.7}$

加速度応答倍率は，1 質点系（減衰定数 5 %）の応答倍率による。

2.1.2）　変圧器類以外の機器に使用されるブッシング

これらについては，機器の構成が多種多様であり標準のブッシングポケットが規定できないことから，各機器の規格に準ずることとした。

2.1.3）　建物に取り付けて使用される気中−気中ブッシング

変圧器類と同様に基礎及び建物によって増幅された地震の波がブッシングに加わるが，変圧器類に比べて過酷となるものは少なく同様以下と考えられるため同一地震力とした。

2.2）　加振周波数

地震の卓越振動数は，0.5 〜 10 Hz とされており，固有振動数がこれから外れる場合には共振を考慮しなくともよい。このため，固有振動数が 0.5 Hz を下回る場合には 0.5 Hz，10 Hz を上回る場合には 10 Hz の正弦 3 波で加振することとした。

3）　他の外力との重畳について

共振正弦 3 波の応答は実地震波の応答に比較して過酷であること及び地震波の応答と自重を除く他の外力（系統短絡による電磁機械力及び風圧荷重）による応答とが一致することも極めてまれであることから，重畳は考慮しないこととした。

4）　個別検討について

本規格では動的地震力をブッシングの標準的な機械的強度として定めたため，地盤条件や機器又は建物の構造が特殊な場合には応答がこれを上回り過酷となることもあり得る。このような場合には個別に検討することが必要である。個別検討の要否判定条件及び，その方法については，**電気協同研究第 38 巻第 2 号**に示されている。

d）　附属書 F　ブッシング用統一がい管

1）　**JEC-183**-1978 では，特に汚損を考慮しない一般がい管と，塩害地区用として有効長及び表面漏れ距離の長い耐塩害がい管 2 種類を規定して，各々を 0 号，1 号及び 2 号がい管と呼称した。**JEC-183**-1984

では**表 F.1** の耐汚損特性区分により，がい管種類を統合整理するとともに一部について新設し，呼称をL，M及びHとすることとして区分を明確化した。したがって，L号がい管の寸法は所要絶縁強度の外，耐汚損特性をも満足するよう定めているため，**JEC-183**-1978 に規定した0号がい管に比べ若干長いものがある。また，500 kV がい管においては，汚損区分の定義が他の定格電圧のものと異なっていることから，これを明確に規定した。

2） **表 F.2** には **JEM-1397**-1981 の単一形ブッシングがい管及び磁器がい管を規定した。

参考文献

JEC-0102-2010　試験電圧標準
JEC-0201-1988　交流電圧絶縁試験
JEC-0202-1994　インパルス電圧・電流試験一般
JEC-0222-2009　標準電圧
JEC-0401-1990　部分放電測定
JEC-2200-2014　変圧器
JEC-2210-2003　リアクトル
JEC-2300-2010　交流遮断器
JEC-2310-2014　交流断路器及び接地開閉器
JEC-2350：2016　ガス絶縁開閉装置
JEC-2374：2015　酸化亜鉛形避雷器
JEC-2390：2013　開閉装置一般要求事項
JEC-3408：2015　特別高圧（11 kV ～ 500 kV）架橋ポリエチレンケーブル及び接続部の高電圧試験法
JEC-5203-2013　エポキシ樹脂ブッシング（屋内用）
JIS C 3801-3：1999　がいし試験方法－第 3 部：がい管
JIS C 3802-1964　電気用磁器類の外観検査
JIS C 60695-11-10：2006　耐火性試験－電気・電子－第 11-10 部：50W 試験炎による水平及び垂直燃焼試験方法
JIS B 0601：2013　製品の幾何特性仕様（GPS）－表面性状：輪郭曲線方式－用語，定義及び表面性状パラメータ
JIS B 0701-1987　切削加工品の面取り及び丸み
JIS K 6849-1994　接着剤の引張り接着強さ試験方法
JIS K 6850-1999　接着剤－剛性被着材の引張せん断接着強さ試験方法
JIS K 7350-1：1995　プラスチック－実験室光源による暴露試験方法　第 1 部：通則
JIS K 7350-2：2008　プラスチック－実験室光源による暴露試験方法－第 2 部：キセノンアークランプ
JIS K 7350-3：2008　プラスチック－実験室光源による暴露試験方法－第 3 部：紫外線蛍光ランプ
JEM 1171-1982　変圧器用コンデンサブッシング標準取付寸法
JEM 1232-1982　変圧器用単一ブッシング寸法
JEM 1397-1981　がい管の寸法
JEAG 5003-2010　変電所等における電気設備の耐震設計指針
経済産業省令　**電気設備に関する技術基準を定める省令**（平成 29 年）
経済産業省　**電気設備の技術基準の解釈**（平成 29 年）
厚生労働省令　**労働安全衛生法**（平成 26 年）
厚生労働省令　**圧力容器構造規格**（改正 平成 28 年厚生労働省告示第 291 号）
電気協同研究第 20 巻第 7 号　母線及び機器の短絡強度（1964 年）
電気協同研究第 35 巻第 3 号　変電設備の耐塩設計（1979 年）

電気協同研究第 38 巻第 2 号　変圧器ブッシングの耐震設計（1982 年）

電気協同研究第 44 巻第 3 号　絶縁設計の合理化（1988 年）

電気協同研究第 61 巻第 2 号　変電設備の運用限度評価（2005 年）

電気協同研究第 72 巻第 4 号　ポリマーがい管の設計基準・試験法の標準化（2017 年）

電気協同研究第 74 巻第 2 号　変電機器の耐震設計最適化（2018 年）

IEC 60137：2017　Insulated bushings for alternating voltages above 1 000 V

IEC 60507：2013　Artificial pollution tests on high-voltage ceramic and glass insulators to be used on a.c. systems

IEC 60587：2007　Electrical insulating materials used under severe ambient conditions - Test methods for evaluating resistance to tracking and erosion

IEC 60695-11-10：2013　Fire hazard testing - Part 11-10: Test flames - 50 W horizontal and vertical flame test methods

IEC 61462：2007　Composite hollow insulators - Pressurized and unpressurized insulators for use in electrical equipment with rated voltage greater than 1 000 V - Definitions, test methods, acceptance criteria and design recommendations

IEC 61621：1997　Dry, solid insulating materials - Resistance test to high-voltage, low-current arc discharges

IEC 62155：2003　Hollow pressurized and unpressurized ceramic and glass insulators for use in electrical equipment with rated voltages greater than 1 000 V

IEC 62217：2012　Polymeric HV insulators for indoor and outdoor use - General definitions, test methods and acceptance criteria

IEC 62271-207：2012　High-voltage switchgear and controlgear - Part 207: Seismic qualification for gas-insulated switchgear assemblies for rated voltages above 52 kV

IEC TS 60815-1：2008　Selection and dimensioning of high-voltage insulators intended for use in polluted conditions - Part 1: Definitions, information and general principles

IEC TS 60815-2：2008　Selection and dimensioning of high-voltage insulators intended for use in polluted conditions - Part 2: Ceramic and glass insulators for a.c. systems

IEC TS 60815-3：2008　Selection and dimensioning of high-voltage insulators intended for use in polluted conditions - Part 3: Polymer insulators for a.c. systems

IEC TS 62073：2016　Guidance on the measurement of hydrophobicity of insulator surfaces

JEC-5202：2019
ブッシング
解説

JEC 規格票の様式：2016 に従い，“**解説**”を新たに追加し，次の項目を記載した。

この**解説**は，本体及び附属書に規定・記載した事柄，並びにこれらに関連した事柄を説明するもので，規格の一部ではない。

1　制定・改正の趣旨及び経緯

1.1　制定・改正の趣旨

JEC-5202-2007（ブッシング）は，2007 年に改訂され，ブッシングの仕様や試験方法の統一並びにガス封入ブッシングや 550 kV コンパクトブッシングの適用拡大などに役割を果たしてきた。しかしながら，改訂から約 11 年が経過しており，その間の技術的進歩，技術的知見の充実，改訂された **IEC** 規格（**IEC 60137**：2017）並びにその他関連規格との整合性等を勘案すると，標準仕様（所要漏れ距離，試験電圧値等），磁器ブッシング以外への適用拡大など見直しが必要と考えられた。また，2017 年 1 月に発行された，**電気協同研究第 72 巻第 4 号**“ポリマーがい管の設計基準・試験法の標準化”において，ポリマーブッシングの標準化や磁器がい管も含めた汚損設計の合理化に資する提言がなされた。このような背景を踏まえ，2019 年にこの規格を改正した。

1.2　改正の経緯

“ブッシング標準特別委員会”の設置が 2016 年に決定し，委員長・幹事を含めた設立準備の会合が 2016 年 11 月 2 日に開かれ，活動方針が決められた。2016 年 12 月 20 日の第 1 回標準特別委員会以降，**IEC** 関連規格の調査，国内関連規格の調査を行った後，慎重審議を行い，2019 年 1 月 22 日に電気規格調査会委員総会の承認を経て制定した，電気学会 電気規格調査会標準規格である。これによって **JEC-5202**-2007 は改正され，この規格に置き換えられた。

2　審議中に特に問題となった事項

2.1　審議の主な論点

対応国際規格である **IEC 60137**：2017，並びに関連規格の内容を調査し，日本国内市場のニーズも考慮した上で，この内容の反映を図った。一方，国内固有の使用環境や機器の取扱いの実態及び**電気協同研究第 72 巻第 4 号**“ポリマーがい管の設計基準・試験法の標準化”の提言内容に合わせ，**解説表 1** の項目について，標準特別委員会内で議論を行った。

解説表 1 — 審議の主な論点

項目		議論内容
全般	**規格体系**	**〈がい管単体の取扱い〉** **IEC** 規格ではがい管単体規格とブッシング規格を別の規格体系としているが，日本において使用者はブッシング形式の一部としてがい管単体を評価することが一般的であり，ブッシング製造業者についてもがい管の仕様や特性を踏まえた上でブッシングの設計・試験・品質保証を行っている実態があることから，両者を別の規格体系にすることは効率的ではないため，がい管単体とブッシングを一体の規格に改正することとした。また，将来的にがい管単体の **JEC** 規格化の要望があった場合を考慮し，磁器がい管及びポリマーがい管単体の試験区分，試験項目，試験内容，合否判定基準等を記載した**附属書 D** 及び**附属書 E** を追加することとした。
1	**適用範囲**	**〈ポリマーブッシングの取扱い〉** ポリマーブッシングは設計基準・試験法等の標準化により今後適用拡大が見込まれることから，**電気協同研究第 72 巻第 4 号**を参照し，適用範囲に追加することとし，磁器ブッシングとポリマーブッシングを一体とした規格体系とした。
1	**適用範囲**	**〈直流用ブッシングの取扱い〉** 直流用ブッシングは，**IEC** 規格においても交流用と直流用が別の規格体系であること，日本国内において現時点で使用実績が少ないことから，旧規格を踏襲し，適用範囲に含めないこととした。直流用ブッシングの取扱いは **JEC-5202**-2007 を踏襲し，適用外にすることとした。
3.2	**ブッシングの構造及び絶縁構成別種類**	**〈ブッシングの種類の見直し〉** ブッシングの構造及び絶縁構成別種類について，主絶縁の定義を明確にするため，次の 4 項目で区分けしたものに整理し，**附属書 G** に区分けの説明を追加した。 **a**）　単一形ブッシング又は複合絶縁ブッシング **b**）　外被材料 **c**）　内部充填材料 **d**）　コンデンサコア材料 また，ポリマー材料を用いたがい管及びブッシングに関する用語は，“ポリマーがい管”及び“ポリマーブッシング”に統一することとした。
3.4	**ブッシングの構成部品**	**〈定格短時間耐電流の取扱い〉** **IEC 60137**：2017 と整合を取るため，波高値（機械的強度）と通電時間（通電容量）を分けて記載することとした。
3.5	**定格の定義**	**〈ガスブッシングの取扱い〉** **IEC 60137**：2017 を参照し，絶縁の主体がガスであるブッシングをガス絶縁ブッシングとし，必ずしも絶縁の主体がガスではないブッシングはガス封入ブッシングとして区分けすることとした。
4.1	**定格電圧**	**〈定格電圧の取扱い〉** **JEC-0102**-2010 と整合を取るため，定格電圧に 1 100 V を追加することとした。
4.3	**定格短時間耐電流**	**〈定格短時間耐電流の取扱い〉** **IEC 60137**：2017 と整合を取るために，定格短時間耐電流の最大波高値を規定した。その上で，直列機器の関連規格と整合を取るため，直流分減衰時定数 45 ms で定格値の 2.5 倍，120 ms で定格値の 2.7 倍とすることとした。

解説表 1 — 審議の主な論点（続き）

項目		議論内容
4.4	**定格ガス圧力**	**〈定格ガス圧力の見直し〉** ブッシングの適用対象機器の圧力に依存する開閉装置の関連規格との整合を取るため，定格ガス圧力の標準値（具体的な数値）を規定しないこととし，**注記**に標準値を規定しない考え方について追記することとした。
4.5	**温度上昇限度**	**〈ポリマーがい管の取扱い〉** **電気協同研究第 72 巻第 4 号**を参照し，ポリマーがい管部の温度上昇限度及び最高許容温度を規定することとした。
4.5	**温度上昇限度**	**〈温度上昇限度及び最高許容温度の見直し〉** **JEC-2350**：2016 と整合を取るため，SF_6 ガス中における銀の接触部及び導体接続部については，従来規定値である 75 K・115 ℃に加えて，10 K 格上げした 85 K・125 ℃を追加することとした。また，**IEC 60137**：2017 と整合を取るため，油中における銀の接触部については，5 K 格上げした 55 K・95 ℃に改正することとした。ただし，油中とは鉱油中を示し，絶縁油として鉱油以外を使用する場合（例えばシリコーン油中ではすず接触が使用できないため，銀接触を使用する）の温度上昇限度及び最高許容温度については，当事者間の協議により決定することとした。
4.5	**温度上昇限度**	**〈温度上昇限度及び最高許容温度の見直し〉** **IEC 60137**：2017 と整合を取るため，SF_6 ガス中における絶縁部及び絶縁物に接する金属部分について，90 K・130 ℃を追加することとした。ただし，最高許容温度を規定することにより，当該部の最高温度を確認する必要があるが，構造的に導体接続部及び接触部が最高温度となることが一般的であるため，接触部，導体接続部以外の温度測定は省略することとした。この根拠は次に示す製造業者の実態調査の結果による。 **a**）SF_6 ガスが分解を始める温度は 150 ～ 200 ℃とされているが，極めて微量であり，また多少なりとも周囲の絶縁物や金属に影響を与える可能性がある分解量が発生し得る温度は約 750 ℃であることから，実際の設計構造からはこの温度には到達し得ないといえる。一方で金属導体部分は，通常の設計では接触部・接続部の温度上昇限度である 75 K・115 ℃以下となるよう設定されていると考えられるため，温度上昇限度値を 130 ℃と規定しても，実用上支障がないと考えられることから，**IEC 60137**：2017 の規定を採用しても安全側の評価になると考えた。 **b**）関連 **JEC** 規格や **IEC** 規格にて規定されておらず，変圧器や開閉装置と直列に接続するブッシングだけが先行して新たに規定すべきではなく，関連 **JEC** 規格との整合を図るべきと考えられる。また，機器の全ての導体の最高温度到達点を発見する必要があり，現実的ではないと考えられる。よって本項目はブッシング単体に適用する規定とし，その他の関連規格へは反映しないこととするが，ガス絶縁機器の関連 **JEC** 規格との整合が取れていないので，今後の規格改正に合わせて検討することが望ましいことを懸案事項に記載することとした。
4.5	**温度上昇限度**	**〈温度上昇限度及び最高許容温度の見直し〉** **IEC 60137**：2017 と整合を取るため，油中における絶縁部及び絶縁物に接する金属部分について，75 K・115 ℃を追加することとした。これは，**電気協同研究第 61 巻第 2 号**より，中心導体の材質であるアルミニウム及び銅において，限界値はアルミニウムが 150 ℃，銅が 200 ℃としているため，115 ℃を規定しても問題ないためである。よって，本項目はブッシング単体に適用する規定とし，その他の関連規格へは反映しないこととするが，ガス絶縁機器の関連 **JEC** 規格との整合が取れていないので，今後の規格改正に合わせて検討することが望ましいことを懸案事項に記載することとした。
4.5	**温度上昇限度**	**〈温度上昇限度及び最高許容温度の取扱い〉** 油中における銅又はアルミニウム，銀及びすずの導体接続部について，従来の最高許容温度は 105 ℃であるが，**JEC-2390**：2013 及び **IEC 60137**：2017 では 100 ℃となっている。耐熱クラス A における絶縁部及び絶縁物に接する金属部分の最高許容温度が 105 ℃まで許容されていることから，旧規格を踏襲して問題ないとした。

解説表 1 — 審議の主な論点（続き）

項目		議論内容
4.5	**温度上昇限度**	**〈使用材料の限定〉** **JEC-2350**：2016 の審議内容及び製造業者への調査により，我が国では SF_6 ガス中におけるすず接触及びすず接続並びに，空気中及び油中におけるはんだ接続を今後適用する予定がないことから，項目を削除することとした。ただし，油中端子の表面処理にすずを使用することは一般的であることから，記載を残すこととした。
4.5	**温度上昇限度**	**〈変圧器用ブッシングの取扱い〉** **JEC-2200**-2014 及び **IEC 60137**：2017 を参照し，変圧器の油温度上昇限度及び最高許容温度を従来規定値である 55 K・95 ℃から 5 K 格上げした 60 K・100 ℃とする場合に，がいしのセメント部についても整合を取り，同様に 5 K 格上げした 60 K・100 ℃に改正することとした。ただし，100 ℃に格上げすることで，現行機種の一部の形式で導体の温度上昇限度が規定値を超える可能性があるため，**IEC 60137**：2017 の記載内容と同様に，当事者間の協議により，温度上昇試験時の最高油温の 60 K 上昇条件を下げてもよい旨を注記に記載することとした。また，温度上昇試験において，60±2 K に試験用ポケットの油槽を設定して試験を実施することが不明確であったことから，記載を追記することとした。 なお，この技術的根拠は次の調査結果による。 **a)**　セメント部について ブッシングで使用しているセメントは，一般的なセメント種類（ポルトランドセメント）と同じものを用いており，100 ℃に格上げしても問題ない。 **b)**　ガスケットについて ニトリルゴムの寿命特性は，圧縮永久ひずみ率で評価すると，60 ℃で 30 年，55 ℃で 50 年ある。また，寿命を考慮しない場合の限界値は 130 ℃に設定している。**JEC 2200**-2014 より，最高油温上昇 55 K 条件における 30 年以上の期待寿命の考え方としては，想定し得る常時の運転状態として，55 K の 60 %負荷及び周囲温度 25 ℃を加えて 58 ℃となる。一方で，温度上昇限度を格上げした場合，60 K の 60 %負荷及び周囲温度 25 ℃を加えて 61 ℃であり，ほぼ同等であることから，問題ないと判断した。ただし，更なる長寿命化や高い温度での使用を要求する場合はフッ素系ガスケットなどの適用が必要となる。 **c)**　その他の材料について（磁器やエポキシ） 磁器について，ヒートショック及び体積固有抵抗低下の観点から，耐熱温度は約 110 ℃である。エポキシ樹脂について，ダイレクトモールドブッシングに使用しているエポキシ樹脂のガラス転移温度（Tg）は 135 ℃であり，100 ℃の場合の特性についても，電気特性，機械的強度についても問題ない。
4.6	**定格耐電圧**	**〈定格耐電圧の取扱い〉** **JEC-0102**-2010 を参照し，定格電圧 1 100 V の定格耐電圧を追加することとした。また，非有効接地系に対しては，高性能避雷器を設置した場合に適用する低減試験電圧値を追加することとした。
4.7	**人工汚損商用周波試験電圧**	**〈人工汚損商用周波試験電圧値の取扱い〉** 表面のじんあい，霧などに対する耐電圧値（汚損耐電圧目標値）については，同値以外を採用している使用者並びに製造業者が存在しないことを踏まえて，旧規格の参考扱いから定格事項に変更することとした。また，あわせて，**JEC-0102**-2010 を参照し，定格電圧 1 100 kV の人工汚損商用周波試験電圧値を追加することとした。
4.8	**機械的強度**	**〈頭部曲げ荷重の計算の取扱い〉** 旧規格で附属書に記載のある頭部曲げ荷重の計算方法は，機械力の説明と重複するため，本節に記載することとした。

解説表 1 — 審議の主な論点（続き）

項目		議論内容
4.8	**機械的強度**	**〈短絡電流の取扱い〉** 旧規格における機械的強度の評価方法は，具体的な短絡部位を考慮するのではなく，支持点間の距離のみを考えた電磁力計算を行っており，どこの部位で短絡したことを想定しているのか不明である。開閉装置に用いるガスブッシングの場合は前記事象が発生し得ると考えられるが，変圧器の場合，変圧器通過故障やコイル部の短絡発生時においては，変圧器のインピーダンスによって，一般的には定格電流の 25 倍よりも十分小さい値の短絡電流が発生する。よって変圧器用ブッシングに対して，数十 kA の短絡電流を通電させる場合，変圧器のブッシングポケット近傍で完全地絡か完全短絡をさせる必要があり，このような事象の発生は極めてまれであると考えられる。なお，このような事故が発生した場合は，変圧器本体が事故発生状態であるため，実態としてブッシングは交換対象となる。 以上より，特に変圧器用ブッシングの場合，ブッシング単独での開発が一般的であり，設計段階でどのような使用条件で運用されるか不明な場合が多いため，特に指定のない場合の短絡電流値は定格電流の 25 倍とする規定は必要である。また，この値を用いて評価する静的な機械的強度の重畳荷重よりも，動的な地震時荷重により設計が決まることが一般的であることから，この値や条件を精緻化するニーズは低いため，旧規格の踏襲に留めることとした。
4.8	**機械的強度**	**〈地震力〉** 地震力を規定する鉛直方向の加速度について，**JEAG 5003**-2010 と整合を取り，変圧器用・気中－気中用ブッシングは水平方向加速度の 1/2 である 2.5 m/s^2 を追加することとした。**JEAG 5003**-2010 は，**電気協同研究第 74 巻第 2 号**を参照して改正予定であり，水平方向及び鉛直方向の加速度の規定も見直される予定であるが，個別機器である本規格が **JEAG 5003** の改正を先取りして反映することは時期尚早であるため，当該箇所は旧規格を踏襲した規定内容としている。**懸案事項**に“今後，**JEAG 5003** の改正作業が完了した段階で，追補版の発行などで **JEAG 5003** の規定を反映させることが望ましい。”との記載を追加することとした。また，鉛直方向の加速度について，**JEC-2200**-2014 との整合が取れていないので，**懸案事項**に“**JEC-2200** の次回改正時に反映を要望することが望ましい。”との記載を追加することとした。
4.8	**機械的強度**	**〈開閉装置用ブッシングの取扱い〉** 旧規格では，変圧器用及び気中－気中用ブッシングについて，水平方向加速度：5 m/s^2 が規定されているが，開閉装置用ブッシングについては規定されていないため，水平方向加速度：3 m/s^2 を追加することとした。
4.8	**機械的強度**	**〈開閉装置用ブッシングの取扱い〉** 開閉装置用ブッシングの印加箇所には，ブッシング単体にて評価が可能となるように，変圧器用ブッシングにおけるブッシングポケットのような標準取付架台を設定するのが理想であるが，現時点で開閉装置としての標準取付架台設定の動向はないため，取付架台下端と表現し，実解析及び試験時には加速度を変更し，当事者間の協議により印加箇所・解析及び試験方法を決定するものとした。また，**懸案事項**に“今後の改正において，開閉装置用の標準取付架台を規定することが望ましい。”との記述を追加することとした。例として，特に指定のない場合は変圧器用ブッシングのブッシングポケットを流用して解析及び試験を実施することとした。
4.9	**据付角度**	**〈最大据付角度の見直し〉** **IEC 60137**：2017 と整合を取るため，製造業者への調査の結果，20° 超過での設計に対するニーズが高く，30° 設計での適用は可能であることが確認できたことから，30° に変更することとした。ただし，現在では取付角度が鉛直から 30° を超えて使用される場合も増えてきていることから，この場合の扱いは当事者間の協議により決定することとした。例えば，油浸紙コンデンサブッシングの場合，30° までは油面視認について問題のない構造となっているが，30° を超える場合は，油面の可視に影響を及ぼす可能性がある。

解説表 1 — 審議の主な論点（続き）

項目		議論内容
5.1	常規使用状態	**〈液体（鉱油）の最高温度の見直し〉** **IEC 60137**：2017 及び **JEC-2200**-2014 と整合を取るため，液体（油温）の最高温度について，95 ℃までの許容から，100 ℃までの許容に改正することとした。
5.1	常規使用状態	**〈ガス（SF_6）の最高温度の取扱い〉** 近年ガス絶縁開閉装置及びガス絶縁変圧器の適用が拡大している中，空気，液体に加えて，ガス（SF_6）に対する規定の要否を検討した。現時点における関連規格調査の結果，SF_6 ガスの最高温度については規定されておらず，温度上昇試験時のガス温度は周囲温度としている。SF_6 ガスの許容温度（分解開始温度）が約 150 ℃であることから，通常使用する分には問題ないこと，またガス絶縁開閉装置ではガスケット寿命などを考慮して設計されているものの製造業者の設計範ちゅうであり，同温度を規定することにより設計の自由度を損なうことが懸念されるため，SF_6 ガスの最高許容温度は規定しないこととした。
5.2	特殊使用状態	**〈ポリマーがい管に対する活線洗浄の取扱い〉** **電気協同研究第 72 巻第 4 号**を参照し，ポリマーがい管に対する高水圧洗浄では注水条件によって外被ゴムが損傷するおそれがあることから，活線洗浄の実施可否は当事者間の協議により決定とすることとした。
6.2	表示	**〈銘板記載事項の見直し〉** **IEC 60137**：2017 と整合を取るため，商用周波耐電圧，開閉インパルス耐電圧，最低保証ガス圧力，質量，最大据付角度の記載を追加するが，実態としては製造番号からこれらの情報を後から追うことが可能であることから，銘板記載事項は保守や設備管理に必要な最小限の情報に留めることとし，前記項目に加え，定格周波数，定格短時間耐電流，定格ガス圧力は特に必要な場合に記入することとした。耐電圧値については，適用する機器本体及びブッシングの銘板に記載の値が異なっていても，いずれか高い方の値で包含されていることを形式試験で確認できれば問題ないこととした。 また，**IEC 60137**：2017 では変圧器用ブッシングの劣化診断時に参照する目的で誘電正接（tanδ）を要求しているが，国内では劣化診断などに使用する場合は銘板ではなく形式試験記録などを見るのが一般的であり，あえて銘板に記載する内容ではないため，誘電正接は項目に記載しないこととした。
7.1	一般事項	**〈形式試験の取扱い〉** “形式試験のために改良された場合は改良後のブッシングにて試験を実施する”の記載は，形式試験の実施形態の実態と合わないことから削除することとした。また，“形式試験の再実施”は，例えば海外仕様で形式試験の有効データの期限指定がある場合に再試験が必要となるが，日本の実態としては，個別対応の扱いとなるため，当該文は削除することとした。
7.2	試験の種類	**〈電磁両立性（EMC）試験の取扱い〉** 電磁両立性の基本的な思想としては，次の 2 種類が考えられるが，ブッシングについてはサージによる誤動作が懸念されるような機器ではないことから，**IEC 60137**：2017 と整合を取り，**a**）のみを対象とすることとした。 **a**） 自らが放出するサージやノイズのレベルを許容値以下に抑制すること（エミッション，電磁的なじょう乱の放出） **b**） 他の機器が放出したサージに対して，誤動作をしないような耐サージ性を有すること（イミュニティ，電磁的なじょう乱の耐性） 現在は **JEC** 規格の開閉装置関連規格や変圧器関連規格においても，エミッション試験に対して明確に測定条件や判定基準が規定できていないため，本改正では新たな EMC 試験を規定せず，参考試験として **JEC-2390**：2013 の **9.7** による主回路の電磁放射試験（ラジオ障害電圧の測定）を引用するに留めることとした。
7.2	試験の種類	**〈注水耐電圧試験時のブッシングの据付角度の取扱い〉** 必ずしも当事者間の合意を必要とするのではなく，一般的に水切かさの状態として最も過酷条件と考えられる垂直状態での試験を基本とし，使用状態によりこれと異なる場合は，当事者間の協議によることとした。

解説表 1 — 審議の主な論点（続き）

項目		議論内容
7.2	**試験の種類**	**〈雷インパルス耐電圧試験の取扱い〉** **IEC 60137**：2017 では，定格電圧 72.5 kV 以上の変圧器用ブッシングを対象としてルーチン試験についても雷インパルス耐電圧試験を要求しているが，我が国の製造業者においては，放電ばらつきや安全率を考慮したブッシングの設計を行っているため，安易に試験電圧を上げて品質を担保する考え方は適切ではない。また従来の国内製ブッシングにおいて事故事例も少ないことから，試験電圧は旧規格を踏襲し，雷インパルス耐電圧試験を要求しないこととし，当事者間の協議により，**IEC 60137**：2017 で規定される 72.5 kV 以上の変圧器用ブッシングに対して，全波：105 %× 5 回の条件を採用してもよいこととした。
8.5	**商用周波耐電圧試験**	**〈適用範囲の見直し〉** 旧規格では，定格電圧“287.5 kV 以下”が規定されているが，実態として気中用のガスブッシングであれば全電圧階級で注水試験を実施しており，根拠が不明であるため，削除することとした。
8.5 **8.6** **8.7**	**商用周波耐電圧試験** **雷インパルス耐電圧試験** **開閉インパルス耐電圧試験**	**〈変圧器用ブッシングの取扱い〉** 我が国の製造業者においては，放電ばらつきや安全率を考慮したブッシングの設計を行っているため，安易に試験電圧を上げて品質を担保する考え方は適切ではなく，また従来の国内製ブッシングにおいて事故事例も少ないことから，試験電圧は旧規格を踏襲することとした。ただし，**IEC 60137**：2017 を参照し，当事者間の協議の上，必要であれば次の項目を採用してもよいこととした。 **a)** 商用周波耐電圧試験は，変圧器本体よりも 10 %高い試験電圧値を採用してもよい。 **b)** 雷インパルス耐電圧試験は，72.5 kV 以上の変圧器用ブッシングに対して，全波：110 %× 15 回及び裁断波：121 %× 5 回の条件を採用してもよい。 **c)** 開閉インパルス耐電圧試験は，245 kV 以上の変圧器用ブッシングに対して，全波：110 %× 15 回の条件を採用してもよい。
8.9	**部分放電試験**	**〈固体絶縁ブッシング（ダイレクトモールド形）の部分放電試験〉** 固体絶縁ブッシング（ダイレクトモールド形）の部分放電試験は，製造上発生し得るエポキシ樹脂内の欠陥ボイドの発見を目的としており，**電気協同研究第 72 巻第 4 号**にて全電圧階級で実施することを推奨しているが，定格電圧 195.5 kV 未満の試験電圧・試験時間の規定がない。そのため，定格電圧 195.5 kV 未満の固体絶縁ブッシング（ダイレクトモールド形）の部分放電試験は，当事者間の協議によって実施することとし，試験条件としては **JEC-3408**：2015 を参照してよいこととした。
8.10	**熱安定性試験**	**〈合否判定の見直し〉** **IEC 60137**：2017 と整合を取るため，合否判定について 5 時間で誘電正接の変化量が 0.0002 を超えないことに改正することとした。また，熱安定性の検証を行う意義から考慮すると，絶縁材料に熱劣化が懸念される材料に対しては加熱に伴う変化をその取扱雰囲気において検証しておく必要があることから，適用範囲は，主絶縁にコンデンサコアを用いているコンデンサブッシングとした。
8.11	**温度上昇試験**	**〈試験方法の見直し〉** **JEC-2390**：2013 と整合を取るため，最低保証ガス圧力から定格ガス圧力へ改正することとした。ただし，**IEC 60137**：2017 では最低保証ガス圧力で試験を実施することから，当事者間の協議により，定格ガス圧力以下で試験を実施してもよいこととした。
8.11	**温度上昇試験**	**〈試験方法の見直し〉** **IEC 60137**：2017 と整合を取るため，変圧器用ブッシングについては，当事者間の協議により，油の温度上昇値を 60 K から低減してもよいこととした。

解説表 1 — 審議の主な論点（続き）

項目		議論内容
8.11	**温度上昇試験**	**〈試験方法の見直し〉** **IEC 60137**：2017 と整合を取るため，SF_6 ガス中及び油中の金属部分における最高許容温度を規定することとした。導体接続部及び接触部以外の該当する部分について，最高温度を確認する必要があるが，接触部や導体接続部に比べてそれ以外の中心導体表面などの金属部分は通電面積が広く，最高温度とならないことが一般的であるため，接触部，導体接続部以外の温度測定は省略することとした。
8.12	**加熱試験**	**〈試験条件の見直し〉** 油の最高許容温度を 100 ℃に格上げしたことと整合を取り，加熱試験の条件についても，**電気協同研究第 61 巻第 2 号**に記載のある限界値から，絶縁油を 100 ℃とした場合でも安全性の問題がないことから 90 ℃から 100 ℃へ格上げすることとした。
8.13	**短時間耐電流試験**	**〈短時間耐電流の温度上昇式の取扱い〉** 直流分減衰時定数を考慮すると交流分実効値も増加するため，ブッシングの中心導体の温度上昇は 2.4 %（$\tau = 45$ ms）又は 6.1 %（$\tau = 120$ ms）程度増加するが，その影響は小さい。また，一般的に定格電流通電時の温度上昇などで接触部や導体接続部などの設計が決まることが一般的であるため，これらの値や条件を精緻化するニーズは低いことから，旧規格を踏襲することとした。
8.15	**内部にガス圧力がかかるブッシングの内部圧力試験**	**〈試験圧力の見直し〉** 磁器がい管とポリマーがい管では最高使用ガス圧力に対する倍率が異なるが，ともに**電気設備の技術基準の解釈**の第 40 条（又は**圧力容器構造規格**（改正 平成 28 年厚生労働省告示第 291 号））で規定された，最高使用圧力の 1.5 倍の水圧以上の試験を実施していることから，**IEC** 規格並びに **JIS** に準じた圧力を印加することとした。
8.17	**人工汚損交流耐電圧試験**	**〈磁器ブッシングの人工汚損交流耐電圧試験の取扱い〉** 磁器がい管単体でも実施してよいこととした。また，塩害地区仕様の場合の塩分付着密度（SDD）の目標汚損度は，試験後に胴径依存性を考慮して補正した換算値を用いて 5 %フラッシオーバ電圧を算出して評価することとした。
8.18	**可視コロナ試験（乾燥・注水）**	**〈試験方法〉** **電気協同研究第 72 巻第 4 号**を参照し，形式試験として規定することとした。
9.5	**商用周波耐電圧試験**	**〈変圧器用ブッシングの取扱い〉** 我が国の製造業者においては，放電ばらつきや安全率を考慮したブッシングの設計を行っているため，安易に試験電圧を上げて品質を担保する考え方は適切ではなく，また従来の国内製ブッシングにおいて事故事例も少ないことから，試験電圧は旧規格を踏襲することとした。ただし，**IEC 60137**：2017 を参照し，当事者間の協議の上，必要であれば変圧器本体よりも 10 %高い試験電圧値を採用してもよいこととした。
9.5 **9.7**	**商用周波耐電圧試験** **部分放電試験**	**〈適用範囲の見直し〉** 旧規格では，組立前のがい管に適切な電気試験（例えば，磁器の肉厚試験）が行われているガス封入ブッシングについては，形式試験としてのみ実施されるものとするとの記載があるが，この表記では，ルーチン試験で商用周波耐電圧試験及び部分放電試験を実施せずに出荷してもよいという解釈も可能となるため，全ての種類のブッシングに適用されることとした。
9.8	**内部にガス圧力がかかるブッシングの内部圧力試験**	**〈試験圧力の見直し〉** 磁器がい管とポリマーがい管では最高使用ガス圧力に対する倍率が異なるが，ともに**電気設備の技術基準の解釈**の第 40 条（又は**圧力容器構造規格**（改正 平成 28 年厚生労働省告示第 291 号））で規定された，最高使用圧力の 1.5 倍の水圧以上の試験を実施していることから，**IEC** 規格並びに **JIS** に準じた圧力を印加することとした。
9.9	**支持金具及び取付用部品の密封試験**	**〈合否判定基準の見直し〉** ガスに浸漬するブッシングにおける判定基準の対象が不明確であるため，分類の明確化を図るとともに，**附属書 I** を追加した。

解説表 1 ― 審議の主な論点（続き）

項目		議論内容
附属書 A	**変圧器用ブッシングの取付寸法**	**〈油入ブッシング及びレジン紙コンデンサブッシングの取扱い〉** 今後，製品として新規設計及び出荷はない予定のため，油入ブッシングの標準取付寸法及びレジン紙コンデンサブッシングの標準取付寸法について削除することとした。
附属書 A.2	**変圧器用コンデンサブッシングの取付方法**	**〈標準取付寸法の取扱い〉** ガス絶縁形，ガス封入形，ダイレクトモールド形など変圧器用ポリマーブッシングが市場に流通し始めている中で，油浸紙コンデンサブッシングの標準取付寸法に，これらの新形ブッシングが拘束されることが必ずしも経済的ではなく，市場ニーズでもないため，磁器がい管ブッシングに特化することとした。また，変圧器側との取合いに影響がない D_1 及び D_m 寸法について最大径を追加し，これよりも細径化したブッシング（コンパクト形など）を許容することとした。ただし，細径化したブッシングに合わせて変圧器側のタンク穴径を小さく設計した場合，最大径で設計された取替用ブッシングが取付不可となる事態が懸念されたため，最大径のブッシングが取付可能な変圧器側の取合い設計を行うことを注記に追加することとした。
附属書 B	**変圧器用ブッシングの耐震試験用ポケット**	**〈耐震試験用ポケットの取扱い〉** 本項目は，**電気協同研究第 74 巻第 2 号**においても検討されていない内容であることから，旧規格を踏襲した規定内容としている。**懸案事項**に“今後，新たな知見が取りまとめられた段階で，追補版の発行など対応を検討することが望ましい。”との記載を追加することとした。
附属書 D.3	**定格**	**〈磁器がい管の汚損設計基準の見直し〉** 旧規格では，塩分付着密度に対する胴径補正を 275 kV までとしているが，**電気協同研究第 72 巻第 4 号**を参照し，500 kV まで拡大適用することとした。平均直径 250 mm 超過の領域について，直接接地系の汚損耐電圧特性曲線を旧規格の 50 %フラッシオーバ電圧 $+2.5\sigma$ 曲線から 50 %フラッシオーバ電圧 $+1.64\sigma$ 曲線に低減することとした。また，一般地区用磁器がい管（じんあい汚損が主と考えられる地域）の所要表面漏れ距離のうち，定格電圧 550 kV 及び定格電圧 1 100 kV についても，ESDD：0.01 mg/cm^2 から 0.005 mg/cm^2 に低減することとした。なお，一般地区はじんあい汚損・塩汚損の区分が残っているが，使用者の実態として，汚損物の成分によって使い分けている実績がないため，じんあい汚損の値（塩分付着密度：0.005 mg/cm^2）で統一することとした。塩害地区の塩分付着密度は，長幹がいし（平均直径：115 mm）に付着した値を基準とする記載を追記することとした。
附属書 D.4	**試験**	**〈磁器がい管の試験〉** **JIS-C 3801-3**：1999 と **IEC 62155**：2003 では内容にかなりの差異があることを確認しており，またいずれも改正の予定はない（日本国内において，改正を必要とする実害や改正のニーズは報告されていない）ことから，今回の改正時に **IEC 62155**：2003 に従ってがい管試験を規定すると，磁器ブッシングのみ **JIS** に従わない項目が発生する可能性が高いことから，磁器がい管の試験は **JIS-C 3801-3**：1999 によることとした。
附属書 E.3	**定格**	**〈ポリマーがい管の汚損設計基準の取扱い〉** **電気協同研究第 72 巻第 4 号**を参照し，ポリマーがい管の所要漏れ距離基準を追加することとした。塩害地区の塩分付着密度は，長幹がいし（平均直径：115 mm）に付着した値を基準とする記載を追記することとした。
附属書 E.3	**定格**	**〈ポリマーがい管の外被材の取扱い〉** シリコーンゴムを対象としており，これ以外の材質を適用する場合，評価判定基準は当事者間の協議によることとした。

解説表 1 — 審議の主な論点（続き）

項目		議論内容
附属書 E.3	**定格**	**〈ポリマーがい管の許容荷重の取扱い〉** **電気協同研究第 72 巻第 4 号**では，1.5 × MML（**IEC 61462**：2007 で規定の残留ひずみ率±5 %以下の弾性限度荷重（ダメージリミット））をポリマーがい管の許容曲げ荷重に設定した。一方，275/500 kV 用の実器がい管の曲げ荷重試験結果によると，2.5 × MML 印加でも残留ひずみ率が±5 %未満であり，またミニチュアがい管による高温曲げ試験では 2.5 × MML 印加において目視で異常なしの結果であった。これより，ポリマーがい管の製造業者が保証する MML については，高い裕度が含まれている場合があり，1.5 × MML を一律に許容曲げ荷重と設定するのは合理的ではないため，許容曲げ荷重は弾性限度荷重以下（残留ひずみ率±5 %以下）を基本とし，2.5 × MML（SML）を上限とすることとした。
附属書 E.7.1.8	**高温曲げ試験**	**〈試験方法の取扱い〉** **電気協同研究第 72 巻第 4 号**では，1.5 × MML をポリマーがい管の許容曲げ荷重に設定し，そのため高温曲げ試験は 1.0 × MML 及び 1.5 × MML の荷重印加が設定された。しかしながら，本規格では許容曲げ荷重は弾性限度荷重以下に設定したことから，高温曲げ試験の荷重条件について見直しを行った。試験供試器はミニチュアがい管であり，FRP の厚さ・直径など実器がい管と異なることから，**E.3.3.1** で規定される許容曲げ荷重で高温曲げ試験を行うのは厳しすぎる試験となる可能性がある。このため，実器がい管の許容曲げ荷重が 1.5 × MML を超過して使用する場合は，Stage 1 で試験供試器の 1.5 × MML を印加した後，Stage 2 で試験供試器の許容曲げ荷重を印加することとした。なお，試験供試器の許容曲げ荷重の設定条件については当事者間協議とした。
附属書 E.7.2.1	**内部圧力試験**	**〈試験方法の取扱い〉** **IEC 61462**：2007 と整合を図ると Stage 3 は破壊された場合も許容することになるが，合否判定としては曖昧であるため，がい管製造業者が SIP を 4.0 × MSP 超過で設定した場合のみ実施することとした。
附属書 E.7.2.2	**曲げ試験**	**〈試験方法の取扱い〉** 許容曲げ荷重が 1.5 × MML ～ 2.5 × MML の間で設定されることから，Stage 2.5 を設定し，ある荷重ステップで残留ひずみ率及びガス漏れ有無を合否条件として加えた。1.5 × MML ～ 2.5 × MML の間で一定の荷重ステップを刻むか否かは，当事者間の協議として決定することとした。 **IEC 61462**：2007 では，2.5 × MML の荷重印加時の残留ひずみ率が±5 %超過は許容される。このため，Stage 3.5 を設定し許容曲げ荷重上限の 2.5 × MML を許容曲げ荷重に設定するには，2.5 × MML の荷重印加後，気密試験を実施しガス漏れがないことを確認することとした。
附属書 E.7.2.7	**人工汚損交流耐電圧試験**	**〈試験方法の取扱い〉** 現状の知見により等価霧中試験法を採用するが，他の試験方法も提案されていることから，将来的にデータが蓄積された場合は改正の可能性を排除しないこととした。 等価霧中試験では 10 回以上の気中フラッシオーバが発生するため，放電休止により高いフラッシオーバ電圧が発生する場合がある。これを有効データに含めると 5 %フラッシオーバ電圧が高く評価され望ましくないことから，これを除去するためフラッシオーバ電圧のばらつき（σ）が 10 %以下となるデータ 10 点以上を有効データとして取得することとした。なお，試験時のフラッシオーバ電圧が低い値は，安全側の評価として有効データに含めるものとした。 ポリマーがい管の漏れ距離は塩害地区の場合，胴径補正を考慮して設定されているため，合否判定においては胴径依存性を考慮した SDD を用いて 5 %フラッシオーバ電圧を算出し評価することとした。また，等価霧中試験ははっ（撥）水性を除去した過酷な試験であるため，前記評価を満足しない場合がある。これを考慮し，供試器の設計漏れ距離と 5 %フラッシオーバ電圧の比を算出し，これが汚損耐電圧目標値を満足することを合否判定として加えた。

解説表 1 ― 審議の主な論点（続き）

項目		議論内容
附属書 E.10	類似形式器の要件	〈類似形式要件及び形式試験の取扱い〉 がい管の全長及び中心導体又はシールドが変化した場合，機械的・電気的・汚損耐電圧性能などが変化するため，類似形式要件及び形式試験の考え方に詳細説明を追加した。
附属書 F.4	統一がい管の寸法	〈コンパクト磁器がい管の取扱い〉 コンパクトがい管を使用した，がい管単体及び変圧器用の油浸紙コンデンサ形ブッシングが開発完了しており，今後適用拡大が見込まれることから，これらを適用範囲に含めることとし，開発済みの 66 kV ～ 275 kV コンパクトがい管寸法を一覧表に追加することとした。また，従来の JEM がい管とコンパクト磁器がい管を区別するため，コンパクト磁器がい管については C の頭文字を付けることとした。
附属書 F.4	統一がい管の寸法	〈275-L に対する注記事項の削除〉 汚損設計基準の合理化に伴い，現行の 275-L 号についても所要漏れ距離を満足することから，注記を削除することとした。
附属書 H	中心導体の最高温度算出方法	〈中心導体の最高温度算出方法の計算式〉 現行の **JEC** 規格に記載されている導体の最高温度に関する数式は，飽くまで既知の測定温度から中心導体の温度を導出する理論式であり，実態と合っていないため，本文は“当事者間の協議で定める計算手法”とし，現行の計算式は附属書へ記載し，**IEC 61462**：2007 と整合を図ることとする。

2.2 IEC 60137：2017 との相違点

JEC-5202 の基本的な考え方は，**IEC** 規格のがい管並びにブッシングの関連規格との整合性を図ることであり，記載内容についても極力 **IEC** 規格と内容を合わせるように配慮している。一方で，**IEC** 規格ではがい管単体規格とブッシング規格を別の規格体系としているが，日本の場合，使用者はブッシングの一部としてがい管単体を評価することが一般的であり，ブッシング製造業者についても，がい管の仕様や特性を踏まえた上でブッシングの設計・試験及び品質保証を行っている実態がある。以上のことから，両者を別の規格体系にすることは効率的ではないため，**JEC-5202**：2019 ではがい管単体とブッシングを一体の規格とした。

ブッシング規格である **IEC 60137**：2017 と本規格との整合を図る中で顕在化した主な相違点を**解説表 2** に示す。

解説表 2 ― 本規格と IEC 60137：2017 との主な相違点

No	項目		本規格の内容	IEC 60137：2017 の内容	備考
1	**1**	**適用範囲**	公称電圧 3.3 kV 以上	公称電圧 1 kV 以上，定格周波数 15 ～ 60 Hz	旧規格を踏襲した。
2	**4.3**	**定格短時間耐電流**	1 種類で規定	熱的と機械的の 2 種類で規定	**JEC-2390**：2013 と整合を取った。
3	**4.5**	**温度上昇限度**	温度上昇限度（K） ＝最高許容温度（℃） － 40 ℃（最高周囲温度）	温度上昇限度（K） ＝最高許容温度（℃） － 30 ℃（最高日間平均温度）	旧規格を踏襲した。
4	**4.5**	**温度上昇限度**	最高許容温度 接触部 - 銅 -SF_6 中：105 ℃ 接触部 - 銀 -SF_6 中：115 ℃（格上げした 125 ℃を追加） 導体接続部 - 銅又はアルミニウム -SF_6 中：115 ℃ 導体接続部 - 銅又はアルミニウム - 油中：105 ℃ 導体接続部 - 銀 - 油中：105 ℃ 導体接続部 - すず - 油中：105 ℃	最高許容温度 接触部 - 銅 -SF_6 中：95 ℃ 接触部 - 銀 -SF_6 中：105 ℃ 導体接続部 - 銅又はアルミニウム -SF_6 中：105 ℃ 導体接続部 - 銅又はアルミニウム - 油中：100 ℃ 導体接続部 - 銀 - 油中：100 ℃ 導体接続部 - すず - 油中：100 ℃	銀の接触部及び導体接続部については **JEC-2350**：2016 と整合を取った。油中における銅又はアルミニウム，銀及びすずの導体接続部については旧規格を踏襲した。
5	**4.6**	**定格耐電圧**	ブッシング適用機器による区分はない。	変圧器用，開閉装置用，その他装置用で乾燥時の耐電圧値が異なる。	関連 **JEC** 規格と整合を取った。
6	**4.6**	**定格耐電圧**	定格電圧 195.5 kV 以上のクラスの商用周波耐電圧値は，原則として長時間耐電圧値を用いる。	定格 245 kV 以下のクラスの商用周波耐電圧は，短時間耐電圧値を用いる。定格 170 kV 以上の変圧器用ブッシングには長時間耐電圧値を用いる。	関連 **JEC** 規格と整合を取った。
7	**4.7**	**人工汚損商用周波試験電圧**	試験電圧値は一線地絡時の健全相対地電圧上昇を考慮した値を用いる。	試験電圧値は最高使用電圧値を用いる。	**JEC-0102**-2010 で規定されており，旧規格を踏襲した。
8	**4.8**	**機械的強度**	次の荷重のいずれに対しても異常なく耐えること。 条件 A：自重＋系統短絡による機械力＋風圧による機械力 条件 B：自重＋系統短絡による機械力＋静的に考えた地震による機械力 条件 C：自重＋動的に考えた地震による機械力（定格 161 kV 以上のみ） 各荷重の計算方法についても規格中で規定。	定格電圧・定格電流ごとにクラス分けがされ，運転時の想定荷重と試験荷重を規定する。 （耐震仕様を考慮する場合は，**IEC TS 61463** による）	旧規格を踏襲した。

解説表 2 — 本規格と IEC 60137：2017 との主な相違点（続き）

No	項目		本規格の内容	IEC 60137：2017 の内容	備考
9	**4.10**	**表面漏れ距離**	平均直径に対する 2 次関数近似とする。	平均直径 300 mm までは一定値，それ以上は直線近似とする。	旧規格は平均直径 300 mm 以下の表面漏れ距離は，**IEC** 規格よりも縮小化されていたが，これは過去の人工汚損試験結果のデータを基に設計されており，**JEC** 規格の方が精緻化されているため，旧規格を踏襲した。
10	**5.1**	**常規使用状態**	冷却媒体の温度 大気の場合 日間平均温度：35 ℃ 最低温度：－20 ℃	冷却媒体の温度 大気の場合 日間平均温度：30 ℃ 最低温度：－10/－25/－40 ℃（屋外） －5/－15/－25 ℃（屋内）	旧規格を踏襲した。
11	**5.1**	**常規使用状態**	冷却媒体の温度 液体（鉱油）の場合 最高温度：100 ℃	冷却媒体の温度 液体（鉱油）の場合 最高温度： 100 ℃（常時） 115 ℃（緊急時） 90 ℃（日間平均）	**JEC-2200**-2014 及び **IEC** 規格と整合を取り 100 ℃とした。
12	**5.2**	**特殊使用状態**	標高 1 000 m を超える場合に指定あり。	標高 1 000 m を超える場合に k 因子による標高補正あり。	旧規格を踏襲し，関連 **JEC** 規格と整合を取った。
13	**6.1**	**特性の列挙**	記載なし	機械的短時間耐電流，曲げ耐荷重値，試験用タップの静電容量	旧規格を踏襲した。
14	**6.2**	**表示**	誘電正接を規定しない。	誘電正接を規定。	国内では劣化診断などに使用する場合は銘板ではなく形式試験記録などを見るのが一般的であり，あえて銘板に記載する内容ではないため，誘電正接は項目に記載しないこととした。
15	**7.1**	**一般事項**	製造業者は要求があれば詳細な形式試験成績書を提出しなければならない。	既設計品と異なるブッシングの場合，電気的，機械的，熱的なストレスを既設計品と比較して包含できる場合は，形式試験を省略できる。	旧規格を踏襲し，関連 **JEC** 規格と整合を取った。
16	**7.1**	**一般事項**	使用に供したブッシングの試験電圧値は，新製ブッシングに適用する定格耐電圧の 75 % とする。	使用に供したブッシングの試験電圧値は，新製ブッシングに適用する定格耐電圧の 85 % とする。	旧規格を踏襲した。

解説表 2 ― 本規格と IEC 60137：2017 との主な相違点（続き）

No	項目		本規格の内容	**IEC 60137**：2017 の内容	備考
17	**7.2**	**試験の種類**	形式試験に電磁両立性（EMC）試験の規定なし。	形式試験に電磁両立性（EMC）試験が規定されている。	現在は **JEC** 規格の開閉装置関連規格や変圧器関連規格においても，エミッション試験に対して明確に測定条件や判定基準が規定できていないため，形式試験として規定せず，参考試験として **JEC-2390**：2013 の **9.7** による主回路の電磁放射試験（ラジオ障害電圧の測定）を引用するに留めることとした。
18	**7.2**	**試験の種類**	ルーチン試験に雷インパルス耐電圧試験の規定なし。	ルーチン試験に雷インパルス試験が規定されている。	我が国の製造業者においては，放電ばらつきや安全率を考慮したブッシングの設計を行っているため，安易に試験項目を増やして品質を担保する考え方は適切ではないことから，試験の種類は旧規格を踏襲することとした。
19	**8.5**	**商用周波耐電圧試験**	ブッシングの種類を問わず，試験電圧は変圧器本体の試験電圧の 100 %とする。合否の判定として，フラッシオーバ又は貫通があってはならない。	変圧器用ブッシングの試験電圧は変圧器本体の試験電圧の 110 %とし，他は試験電圧の 100 %とする。合否の判定について，貫通は許容しないが，フラッシオーバは 1 回まで許容する。	我が国の製造業者においては，放電ばらつきや安全率を考慮したブッシングの設計を行っているため，安易に試験電圧及び注水時間の試験条件を厳しくして品質を担保する考え方は適切ではなく，また従来の国内製ブッシングにおいて事故事例も少ないことから，試験条件は旧規格を踏襲することとした。
20	**8.5**	**商用周波耐電圧試験**	注水試験時における注水時間は 10 秒とする。	注水試験時における注水時間は 60 秒とする。ただし，UHV 用ブッシングは 300 秒とする。	
21	**8.6**	**雷インパルス耐電圧試験**	ブッシングの種類を問わず，印加回数は正及び負の電圧を各 5 回，試験電圧は本体の試験電圧の 100 %とする。裁断波の規定はなし。	印加回数は正の電圧を 15 回，負の電圧を 15 回，試験電圧は変圧器本体の試験電圧の 100 %とする。ただし変圧器用ブッシングの場合，正及び負の電圧を各 15 回，試験電圧は変圧器本体の試験電圧の 110 %とする。また，変圧器用ブッシングの場合に裁断波の規定がある。	
22	**8.7**	**開閉インパルス耐電圧試験**	ブッシングの種類を問わず，印加回数は正及び負の電圧を各 5 回，試験電圧は変圧器本体の試験電圧の 100 %とする。	印加回数は正及び負の電圧を各 15 回，試験電圧は変圧器本体の試験電圧の 100 %とする。ただし，変圧器用ブッシングの場合は変圧器本体の試験電圧の 110 %とする。	

解説表 2 — 本規格と IEC 60137：2017 との主な相違点（続き）

No	項目		本規格の内容	IEC 60137：2017 の内容	備考
23	**9.5**	**商用周波耐電圧試験**	ブッシングの種類を問わず，試験電圧は変圧器本体の試験電圧の 100 ％とする。ガス圧力は定格ガス圧力とする。合否の判定として，フラッシオーバ又は貫通があってはならない。	変圧器用ブッシングの試験電圧は変圧器本体の試験電圧の 110 ％とし，他は試験電圧の 100 ％とする。ガス圧力は最低保証ガス圧力とする。合否の判定について，貫通は許容しないが，フラッシオーバは 1 回まで許容する。	我が国の製造業者においては，放電ばらつきや安全率を考慮したブッシングの設計を行っているため，安易に試験条件を厳しくして品質を担保する考え方は適切ではなく，また従来の国内製ブッシングにおいて事故事例も少ないことから，試験条件は旧規格を踏襲することとした。
24	**9.7**	**部分放電試験**	ガス圧力は定格ガス圧力とする。	ガス圧力は最低保証ガス圧力とする。	旧規格を踏襲し，関連 **JEC** 規格と整合を取った。
25	**8.9** **9.7**	**部分放電試験**	印加パターンは次による。雑音レベルは 10 pC 以下とする。 V_2 V_1 V_3 電圧 T_1 T_3 T_2 時間 $V_2=\sqrt{3}E$ $V_1=V_3=1.5E$ E：系統最高電圧	印加パターンは次による。雑音レベルはブッシングの種類により分かれているが，最も厳しいものは U_1, U_2 で 10 pC 以下，$1.1U_m/\sqrt{3}$ で 5 pC 以下とする。 60 minutes $\frac{1.1U_m}{\sqrt{3}}$ U_2 U_1 U_{start} $< U_{start}$ $U_1=U_m$ $U_2=1.5\ U_m/\sqrt{3}$ U_m：定格電圧	**IEC** 規格で最も試験電圧が低い $1.1U_m/\sqrt{3}$ の部分のみ合否判定が 5 pC 以下となっているが，最も試験電圧が高い U_1（**JEC** 規格の V_2）及び U_2（**JEC** 規格の V_1）については，**JEC** 規格と同様に 10 pC 以下であるため，旧規格を踏襲することとした。

3　主な改正点

主な改正点を，**解説表 3** に示す。なお，審議の主な論点を**解説 2.1** に記載している。

IEC 規格との整合性を求められている状況を踏まえて，対応国際規格である **IEC 60137**：2017 との比較を行い，**JEC** 規格で対象としている市場ニーズと照らし合わせ，適切なアイテムを取り込んだ。また，標準仕様（所要漏れ距離，試験電圧値等）や磁器ブッシング以外への適用拡大などに対応した規格の見直しのほか，**電気協同研究第 72 巻第 4 号**“ポリマーがい管の設計基準・試験法の標準化”において提言された，ポリマーブッシングの標準化や磁器がい管も含めた汚損設計の合理化の考え方を反映した。規格の構成について，**IEC** 規格ではブッシング規格である **IEC 60137**：2017 を引用する様式としていることに合わせ，共通部分はこれを引用するよう改正した。

解説表 3 — 主な改正点

No	項目		本規格の改正点
1	**3**	**用語及び定義**	**電気学会　電気専門用語集　No.12** で規定している用語については，用語及び電気専門用語集での番号を併記することとした。
2	**3.1**	**一般**	次の用語及び定義を追加した。 **3.1.2**　変圧器用ブッシング
3	**3.2**	**ブッシングの構造及び絶縁構成別種類**	ブッシングの種類として，単一形と複合絶縁，外被材料，内部充填材料，コンデンサブッシング類で区分けすることとした。また，次の用語及び定義を追加した。 **3.2.4**　ポリマーブッシング **3.2.6.1**　ガス絶縁ブッシング **3.2.6.2**　ガス充填ブッシング **3.2.7**　固体絶縁ブッシング **3.2.8.5**　レジン含浸合成繊維コンデンサブッシング
4	**3.2.3**	**磁器ブッシング**	外部絶縁が磁器がい管で構成されたブッシングと定義し，磁器がい管が単一形がい管の場合も含むこととした。 **注記**　**JEC-5202**-2007 では，固体絶縁物が磁器である単一形ブッシングと定義している。
5	**3.2.5**	**液体封入ブッシング**	内部に液体絶縁物を封入したブッシングと定義した。 **注記**　**JEC-5202**-2007 では，内部に液体絶縁物を満たし，これが内部絶縁の主体となるブッシングと定義している。
6	**3.2.5.1**	**油入ブッシング**	内部絶縁の主体に絶縁油を用いた液体封入ブッシングと定義した。 **注記**　**JEC-5202**-2007 では，液体絶縁物が絶縁油である液体絶縁ブッシングと定義している。
7	**3.2.6**	**ガス封入ブッシング**	内部に絶縁ガスを封入したブッシングと定義した。また，**3.2.6.1**　ガス絶縁ブッシングについて，内部絶縁の主体が絶縁ガスであるブッシングと定義した。 **注記**　**JEC-5202**-2007 では，内部に絶縁ガスを満たし，これが内部絶縁の主体となるブッシングをガス封入ブッシングと定義し，ガス絶縁ブッシングの定義は規定していない。
8	**3.2.8**	**コンデンサブッシング**	気中で使用する場合は，外部絶縁にがい管を用いたものやポリマー材料を直接モールドしたものがあるが，外部絶縁にがい管を用いたものの場合，コンデンサコアとの隙間には液体絶縁物，絶縁ガス，固体絶縁物などを満たすことと規定した。
9	**3.4**	**ブッシングの構成部品**	次の用語及び定義を追加した。 **3.4.4.1**　磁器がい管 **3.4.4.2**　ポリマーがい管 **3.4.4.3**　樹脂がい管 **3.4.10**　かさ **3.4.11**　ひだ
10	**3.4.4**	**がい管**	両端の開いた管状の中空絶縁体と定義し，かさのあるものとないもの，取付用把持金具のあるものとないものがあるとした。 **注記**　**JEC-5202**-2007 では，ブッシングの外殻を形成する絶縁体と定義し，磁器で製作されたがい管を磁器がい管と定義している。また，他の材料で製作されたがい管は，その材料名称を付して呼ぶこととしている。
11	**3.5**	**定格の定義**	次の用語及び定義を追加した。 **3.5.7**　定格短時間耐電流の波高値 **3.5.10**　定格ガス圧力 **3.5.12**　電圧測定端子の定格電圧

解説表 3 — 主な改正点（続き）

No	項目		本規格の改正点
12	3.5.6	定格短時間耐電流	注記として，ブッシングは，基準周囲温度以下で定格電流を連続通電し，各部がそれに対応する温度上昇値に達している状態で，これに定格短時間耐電流を通じても，また，逆に定格短時間耐電流の通電後引き続いて定格電流を通じても，これらによって損傷することがないものでなければならないとした。
13	3.7	その他関連装置	次の用語及び定義を追加した。 **3.7.1** 高性能避雷器
14	4.1	定格電圧	定格電圧に 1 100 kV を規定した。
15	4.3	定格短時間耐電流	定格短時間耐電流の最大波高値は定格値の 2.5 倍を標準とし，直流減衰時定数として 120 ms を採用する場合はその定格値の 2.7 倍とすることを追加した。また，定格短時間耐電流通電時間は 2 秒を標準とすることを追加した。
16	4.4	定格ガス圧力	標準値を規定しない理由を注記に追加した。
17	4.5	温度上昇限度	温度上昇限度及び最高許容温度において，SF_6 ガス中における銀の接触部及び導体接続部について 85 K・125 ℃を追加，油中における銀の接触部について 55 K・95 ℃に改正，SF_6 ガス中における絶縁部及び絶縁物に接する金属部分について 90 K・130 ℃を追加，油中における絶縁部及び絶縁物に接する金属部分について 75 K・115 ℃を追加，がいしのセメント部について 60 K・100 ℃に改正した。また，SF_6 ガス中におけるすず接触及びすず接続並びに，空気中及び油中におけるはんだ接続の項目を削除した。
18	4.5	温度上昇限度	油中とは鉱油中を示し，鉱油以外の場合の許容値については，当事者間の協議による旨の注記を追加した。
19	4.6	定格耐電圧	定格電圧 1 100 kV 及び非有効接地系（定格電圧 69，80.5，115，161 kV の場合）における低減試験電圧値を追加した。
20	4.7	人工汚損商用周波試験電圧	**JEC-5202**-2007 では**参考 2　表面のじんあい，霧などに対する耐電圧値**として規定しているが，本改正では **4.7　人工汚損商用周波試験電圧**として規定した。定格電圧 1 100 kV を規定した。
21	4.8	機械的強度	重畳荷重について，各条件の内訳を示す表を追加した。短絡時に加わる機械力の計算について，**JEC-5202**-2007 では**附属書 2　頭部曲げ荷重の計算**として規定しているが，本改正では **4.8　機械的強度**の文中に規定した。内部に圧力が加わる構造のブッシングにおいては，最高使用圧力が内部に加わった状態にて A ～ C の条件についても耐えることを原則とすることとした。
22	4.8	機械的強度	開閉装置用ブッシングについて，動的に地震力を考慮する場合における水平方向の加速度と，印加箇所を追加した。また，変圧器用・気中 - 気中用ブッシングの鉛直方向の加速度を追加した。
23	4.9	据付角度	どのような傾斜角度でも据え付けられるように設計されなくてはならない範囲を，垂直から 30° を超えない範囲に改正した。
24	5.1.2	周囲温度	ガス（SF_6）の場合を追加し，最高許容温度は当事者間の協議によることとした。
25	5.2	特殊使用状態	外被材料にポリマー材料を使用する場合，活線洗浄の可否は当事者間の協議により決定することとした。
26	5.2	特殊使用状態	VFT（Very fast transient）の影響を考慮する必要がある場合，ガス絶縁開閉装置と接続されるコンデンサブッシングに限ることとした。
27	6.2.1	銘板記載事項	特に必要な場合は，定格周波数，定格短時間耐電流，商用周波耐電圧，開閉インパルス耐電圧，定格ガス圧力，最低保証ガス圧力，最大据付角度（30° 超過の場合）を追加した。また，質量が 100 kg を超過する場合は質量を記入することとした。
28	7.1	一般事項	**JEC-5202**-2007 では **8.3　そのほかの要求事項**であったが，本改正では **7.1　一般事項**とした。

解説表 3 — 主な改正点（続き）

No	項目		本規格の改正点
29	**7.2.1**	**形式試験**	外観検査及び寸法検査をまとめて構造検査とした。また，人工汚損交流耐電圧試験を参考試験から形式試験に改正した。可視コロナ試験及びがい管の試験を追加した。
30	**7.2.2**	**ルーチン試験**	“受入試験”を“ルーチン試験”とした。また，外観検査及び寸法検査をまとめて構造検査とした。がい管の試験を追加した。
31	**7.2.2**	**ルーチン試験**	ルーチン試験における雷インパルス試験については，当事者間の協議により **IEC 60137**：2017 に規定される値にて試験を実施してもよいこととした。
32	**7.2.3**	**参考試験**	電磁両立性（EMC）試験を追加した。
33	**8.1.1**	**外観検査**	がい管部の検査は **8.19　がい管の試験**によることとした。 注記　**JEC-5202**-2007 では，磁器部を **JIS C 3802**-1964　電気用磁器類の外観検査により検査することと定義している。
34	**8.2.1**	**液体封入ブッシングの密封試験**	共油形ブッシングの定義を追加した。
35	**8.2.2**	**ガス封入ブッシングの密封試験**	当事者間で合意があれば，ガスは定格ガス圧力以上を充填し試験を実施してもよいこととした。
36	**8.4**	**誘電正接及び静電容量試験**	ブッシングの種類としてレジン含浸合成繊維コンデンサブッシングを追加した。
37	**8.5**	**商用周波耐電圧試験**	変圧器に使用するブッシングの試験電圧は，使用者より特に指定のある場合は，当事者間の協議により **IEC 60137**：2017 の値を採用してもよいこととした。
38	**8.6**	**雷インパルス耐電圧試験**	変圧器に使用するブッシングの試験電圧及び回数は，使用者より特に指定のある場合は，当事者間の協議により **IEC 60137**：2017 の値を採用してもよいこととした。
39	**8.7**	**開閉インパルス耐電圧試験**	変圧器に使用するブッシングの試験電圧及び回数は，使用者より特に指定のある場合は，当事者間の協議により **IEC 60137**：2017 の値を採用してもよいこととした。
40	**8.8**	**電圧測定端子及び試験用端子の耐電圧試験**	加圧法又は誘導法のいずれかの試験方法で実施することを明記した。
41	**8.9**	**部分放電試験**	固体絶縁ブッシング（ダイレクトモールド形）の試験は製造上発生し得る樹脂内の欠陥の発見を目的とすることから，気中部に電界緩和シールドを取り付けるなど対象外の部位に対するノイズ発生防止の処置を行ってよいこととした。また，195.5 kV 未満の試験は，当事者間の協議によって実施することとし，試験条件については **JEC-3408**：2015 を参照してもよいこととした。
42	**8.10**	**熱安定性試験**	試験状態で測定した誘電正接の値の変化量が，5 時間で 0.0002 を超えない状態をもって試験合格とした。 注記　**JEC-5202**-2007 では，試験状態で測定した誘電正接の値が，少なくとも 3 時間変化しない状態をもって合格としている。
43	**8.11**	**温度上昇試験**	片方又は両方の終端接続部が油又は絶縁液体に浸されるブッシングは，大気の周囲温度に 60 K±2 K を加えた絶縁液体中において試験を実施することとした。ただし，発電機用変圧器など，変圧器の最高油温を **JEC** 規格に定める限度以下に制限している変圧器用の場合には，当事者間の協議により油の温度上昇値を 60 K からの低減が可能とした。
44	**8.11**	**温度上昇試験**	当事者間で合意があれば，ガスは定格ガス圧力以下にて試験を実施してもよいこととした。中心導体の表面など接触部，導体接続部以外の SF_6 ガス及び油に接する金属部分は構造的に導体接続部及び接触部が最高温度とならず，接触部，導体接続部以外の温度測定は省略することとした。

解説表 3 — 主な改正点（続き）

No		項目	本規格の改正点
45	**8.11**	温度上昇試験	周囲を絶縁材料で覆われ，直接，温度を計測することが困難な導体を有するブッシングの場合の最高温度は，当事者間の協議で定める計算手法を用いて算出することとした。 **注記** **JEC-5202**-2007 では，条件を問わず，導体の最高温度の計算手法を規定している。
46	**8.12**	加熱試験	ブッシングが使用状態で 60 ℃以上となる媒体に浸される部分を，100 ℃以上の熱油に浸すこととした。 **注記** **JEC-5202**-2007 では，90 ℃以上の熱油に浸すこととしている。熱油の代わりに 90 ℃以上の空気を用いてもよいこととしている。
47	**8.15**	内部にガス圧力がかかるブッシングの内部圧力試験	ブッシングに組み立てる前のがい管単体に適切な気体又は液体の媒体を封入し，徐々に圧力を加えて**表 11** に示す圧力まで連続的に上昇し，5 分間保持することとした。 **注記** **JEC-5202**-2007 では，最高使用ガス圧力の 4.25 倍まで連続的に上昇し，5 分間保持することとしている。
48	**8.17**	人工汚損交流耐電圧試験	磁器がい管ブッシング及びポリマーブッシングについてそれぞれ規定を追加した。
49	**8.18**	可視コロナ試験	**電気協同研究第 72 巻第 4 号**に基づいて規定を追加した。
50	**8.19**	がい管の試験	磁器がい管及びポリマーがい管についてそれぞれ規定を追加した。
51	**9**	ルーチン試験	耐電圧試験による損傷の有無を確認するため，耐電圧試験の前後には絶縁抵抗測定，及びコンデンサブッシングに対しては誘電正接測定，静電容量測定を実施することとした。 **注記** **JEC-5202**-2007 では，耐電圧試験の前と後に誘電正接（tan δ）と静電容量の測定を実施することとしている。
52	**9.5**	商用周波耐電圧試験	この試験は全ての種類のブッシングに適用することとした。 **注記** **JEC-5202**-2007 では，ガス絶縁機器の組付部品として使われ，かつ，その機器の充填ガスがブッシングと共用になる，ガス封入ブッシングに対しては，組立前にブッシング用がい管が適切な電気試験（例えば，磁器の肉厚試験）が行われているものであれば，形式試験としてのみ実施されるものとしている。
53	**9.5**	商用周波耐電圧試験	変圧器に使用するブッシングの試験電圧は，使用者より特に指定のある場合は，当事者間の協議により **IEC 60137**：2017 の値を採用してもよいこととした。
54	**9.7**	部分放電試験	この試験は単一形を除いた定格電圧 195.5 kV 以上の全ての種類のブッシングに適用することとした。 **注記** **JEC-5202**-2007 では，組立前にブッシングがい管が適切な電気試験（例えば，磁器の肉厚試験）が行われているガス封入ブッシングについては，形式試験としてのみ実施されるものとしている。
55	**9.8**	内部にガス圧力がかかるブッシングの内部圧力試験	試験圧力及び試験時間を**表 14** に規定した。 **注記** **JEC-5202**-2007 では，がい管単体において，液体の媒体により最高使用ガス圧力 × 3 倍の圧力で 1 分間の内圧試験を実施することとしている。

解説表 3 — 主な改正点（続き）

No	項目		本規格の改正点
56	**9.9**	**支持金具及び取付用部品の密封試験**	他端が油入変圧器用に設計され，漏れたガスが直接油入変圧器に侵入する全ての部分については，計算した総漏れ量は 10 Pa × cm^3/s 以下であること。ただし，当該部分についてガスが周囲に直接放散する部分も有するブッシングの場合は，その全ての部分について 1 年間当たりに換算したガスの漏れ量が，隣接するガス絶縁開閉装置区画に含まれるガスの 1 %以下であることを併せて満たすこととした。 **注記** **JEC-5202**-2007 では，他端が変圧器用に設計され，漏れたガスが直接変圧器に侵入する全ての部分については，計算した総漏れ量は 10 Pa × cm^3/s 以下であることとしている。
57	**9.10**	**がい管の試験**	磁器がい管及びポリマーがい管についてそれぞれ規定を追加した。
58	**附属書 D**	**磁器がい管の要求事項**	磁器がい管に関する使用状態，特性，構造，試験などについて規定した。
59	**附属書 E**	**ポリマーがい管の要求事項**	ポリマーがい管に関する特性，構造，形式試験，ルーチン試験，参考試験などについて規定した。
60	**附属書 F.4**	**統一がい管の寸法**	単一形ブッシングがい管と磁器がい管を一つの表にまとめて記載した。コンパクトがい管については“C”の頭文字を付けることとした。
61	**附属書 G**	**ブッシングの構造及び絶縁構成別種類**	ブッシングの種類の区分けについて，本規格利用者の利便性を考慮し，説明と図を追加した。
62	**附属書 H**	**中心導体の最高温度算出方法**	**JEC-5202**-2007 にて規定温度上昇試験における導体の最高温度に関する数式を附属書の参考扱いとした。
63	**附属書 I**	**支持金具及び取付用部品の密封試験**	ガスに浸漬するブッシングの適用する支持金具及び取付用部品の密封試験の合否の判定について，各条件に該当するブッシングの構造及び測定対象とするガス漏れの範囲の説明を追加した。
64	**附属書 J**	**JEC-5202**-2007 **改正時の解説**	本規格利用者の利便性を考慮し，**JEC-5202**-2007 の巻末に“解説”として記載されていた内容から，背景の理解が必要な技術的な項目を抜粋して記載した。

4　懸案事項

本規格改正の原案作成並びに審議の過程において，規定することを保留し，次回の見直し又は改正の場合に再検討を要する事項を記す。

- **4.5　温度上昇限度**について，**IEC 60137**：2017 と整合を取り，SF_6 ガス中及び油中における絶縁部及び絶縁物に接する金属部分について規定を追加したが，ガス絶縁機器の関連 **JEC** 規格との整合が取れていないので，今後の規格改正に合わせて検討することが望ましい。
- **4.8　機械的強度　c）** 地震力について，地震力を規定する鉛直方向の加速度は，本規格と **JEAG 5003**-2010 で整合を取り，変圧器用・気中−気中用ブッシングは水平方向加速度の 1/2 である 2.5m/s^2 を追加することとした。**JEAG 5003**-2010 は，**電気協同研究第 74 巻第 2 号**を参照して改正予定であり，水平方向及び鉛直方向の加速度の規定も見直される予定であるが，個別機器である本規格が **JEAG 5003** の改正を先取りして反映することは時期尚早であるためである。今後，**JEAG 5003** の改正作業が完了し，新たな知見が取りまとめられた段階で，追補版の発行などでこれを反映させることが望ましい。また，鉛直方向の加速度について，**JEC-2200**-2014 との整合が取れていないので，**JEC-2200** の次回改正時に反映を要望することが望ましい。
- **4.8　機械的強度　c）** 地震力について，変圧器用ブッシングにおけるブッシングポケットと同様に，開閉装置用ブッシングの印加箇所を規定するために，ブッシング単体にて評価可能となる標準取付架台を設定するのが理想であるが，現在のところ開閉装置としての標準取付架台を設定する動向はないため，本改正では取付架台下端と表現した。この場合，解析には開閉装置本体の仕様が必要であるため，例えば予備ブッシングとして単体で購入する場合に，ブッシング製造者単独では対応が困難となるといった課題が挙げられる。今後の改正において，開閉装置用の標準取付架台を規定することが望ましい。

・**附属書 B　変圧器用ブッシングの耐震試験用ポケット**について，本項目は**電気協同研究第 74 巻第 2 号**においても検討されていない内容であることから，旧規格を踏襲した規定内容としている。今後，新たな知見が取りまとめられた段階で，追補版の発行などで対応を検討することが望ましい。

・ポリマーがい管の汚損耐電圧試験方法は，現状の知見から等価霧中試験法を採用するが，他の試験方法も提案されていることから，本改正では将来的にデータが蓄積された際の改正の可能性を排除していない。今後の改正において，他の試験方法においても妥当性が証明される場合は，新たに規定されることが望ましい。

・**E.7.2.7** にてポリマーがい管に対する人工汚損交流耐電圧試験について規定したが，本規定の考え方は磁器がい管へ適用することが必要であるため，**JEC-0201** への反映を要望することが望ましい。

5　標準特別委員会名及び名簿

委員会名：ブッシング標準特別委員会

委員長	小林　隆幸	（東芝エネルギーシステムズ）
幹事	相野　宏樹	（三菱電機）
同	今西　晋	（昭和電線ケーブルシステム）
同	小野寺 充	（日立製作所）
同	加川　博明	（東京電力パワーグリッド）
同	後藤　貴登	（中部電力）
同	酒井　啓資	（日本ガイシ）
同	野口　恭史	（関西電力）
同	吉見　彰浩	（東芝エネルギーシステムズ）
委員	伊藤　孝充	（明電舎）
同	大林　顕	（日立製作所）
同	川村　健	（中部電力）
同	笹森　健次	（三菱電機）
同	佐藤　広明	（愛知電機）
同	関島　志郎	（東日本旅客鉄道）
同	瀬間　信幸	（昭和電線ホールディングス）
同	津村　英和	（ダイヘン）
同	中居　賢男	（関西電力）
同	日髙　邦彦	（東京大学）
同	細井　暁	（東北電力）
委員	本間　宏也	（電力中央研究所）
同	前田　英昭	（日本電機工業会）
同	松本　隆宇	（静岡大学）
同	宮本　剛寿	（東芝エネルギーシステムズ）
同	安田　一政	（富士電機）
同	山口　昌紀	（東光高岳）
同	山下　敬彦	（長崎大学）
同	横井　清吾	（日本ガイシ）
幹事補佐	荻野　豊久	（日本ガイシ）
同	小池　徹	（東芝エネルギーシステムズ）
同	多藝　彰規	（東京電力パワーグリッド）
途中退任幹事	小西　邦明	（関西電力）
途中退任委員	岩根　裕典	（関西電力）
同	黒崎　恵美	（中部電力）
同	炭谷　憲作	（明電舎）
同	濱　義二	（日本電機工業会）
同	藤冨　康彦	（ダイヘン）
同	松坂　英次	（東北電力）
途中退任幹事補佐	柴田　健志	（東京電力パワーグリッド）

6　標準化委員会名及び名簿

委員会名：がいし標準化委員会

委員長	高須　和彦	
幹事	伊東　啓太	（三菱電機）

幹　事　塚尾　茂之　（東京電力パワーグリッド）
同　藤井　治　（日本ガイシ）
同　本間　宏也　（電力中央研究所）
委　員　池田　明弘　（日本カタン）
同　石井　貴　（東芝エネルギーシステムズ）
同　市川　武夫　（日本電磁器協会）
同　一木　将人　（関西電力）
同　大山　友幸　（東光高岳）
同　柏倉　勝　（日立製作所）
委　員　河村　達雄　（東京大学）
同　久保　公人　（東日本旅客鉄道）
同　笹森　健次　（三菱電機）
同　中後　浩一郎（日本ネットワークサポート）
同　成田　俊一　（明電舎）
同　水本　登志雄（ＴＤＭ）
同　村田　秀樹　（中部電力）
幹事補佐　林　朋宏　（日本ガイシ）

7　部会名及び名簿

部会名：送配電部会

部会長　牧　光一　（東京電力パワーグリッド）
副部会長　大田　貴之　（関西電力）
同　八木　裕治郎（富士電機）
幹　事　北嶋　知樹　（東京電力パワーグリッド）
委　員　足立　和郎　（電力中央研究所）
同　石川　靖久　（中部電力）
同　岡部　成光　（東京電力ホールディングス）
同　腰塚　正　（東京電機大学）
同　境　武久　（三菱電機）
同　坂本　雄吉　（工学気象研究所）
委　員　渋谷　昇　（元・拓殖大学）
同　高須　和彦
同　西村　誠介　（横浜国立大学　名誉教授）
同　東田　修一　（古河電工パワーシステムズ）
同　日髙　邦彦　（東京大学）
同　三戸　雅隆　（フジクラ）
同　本橋　準　（東京電力）
同　山川　卓　（電源開発）
同　横山　明彦　（東京大学）
幹事補佐　森　政人　（東京電力パワーグリッド）

8　電気規格調査会名簿

会　長　大木　義路　（早稲田大学）
副会長　塩原　亮一　（日立製作所）
同　八島　政史　（東北大学）
理　事　石井　登　（古河電気工業）
同　伊藤　和雄　（電源開発）
同　大田　貴之　（関西電力）
同　原　徳幸　（明電舎）
同　勝山　実　（シーエスデー）
同　金子　英治　（琉球大学）
同　清水　敏久　（首都大学東京）
同　八坂　保弘　（日立製作所）
同　田中　一彦　（日本電機工業会）
同　和田　俊朗　（電源開発）
同　藤井　治　（日本ガイシ）
同　牧　光一　（東京電力パワーグリッド）
同　三木　一郎　（明治大学）
理　事　八木　裕治郎（富士電機）
同　髙木　喜久雄（東芝エネルギーシステムズ）
同　山野　芳昭　（千葉大学）
同　原田　俊治　（三菱電機）
同　吉野　輝雄　（東芝三菱電機産業システム）
同　大熊　康浩　（電気学会副会長　研究調査担当）
同　芹澤　善積　（電気学会研究調査理事）
同　酒井　祐之　（電気学会専務理事）
2号委員　斎藤　浩海　（東北大学）
同　塩野　光弘　（日本大学）
同　井相田　益弘（国土交通省）
同　大和田野芳郎（産業技術総合研究所）
同　高橋　紹大　（電力中央研究所）
同　根上　雄二　（経済産業省）
同　中村　満　（北海道電力）
同　千葉　正宏　（東北電力）

2号委員　坂上　泰久　（中部電力）
同　棚田　一也　（北陸電力）
同　熊谷　泰美　（中国電力）
同　高畑　浩二　（四国電力）
同　岡松　宏治　（九州電力）
同　市村　泰規　（日本原子力発電）
同　畑中　一浩　（東京地下鉄）
同　山本　康裕　（東日本旅客鉄道）
同　青柳　雅人　（日新電機）
同　出野　市郎　（日本電設工業）
同　小黒　龍一　（ニッキ）
同　小林　武則　（東芝エネルギーシステムズ）
同　佐伯　憲一　（新日鐵住金）
同　豊田　充　（東芝エネルギーシステムズ）
同　松村　基史　（富士電機）
同　森本　進也　（安川電機）
同　吉田　学　（フジクラ）
同　都筑　秀明　（日本電気協会）
同　内橋　聖明　（日本照明工業会）
同　加曽利　久夫（日本電気計器検定所）
同　五来　高志　（日本電線工業会）
同　島村　正彦　（日本電気計測器工業会）
3号委員　小野　靖　（電気専門用語）
同　手塚　政俊　（電力量計）
同　佐藤　賢　（計器用変成器）
同　伊藤　和雄　（電力用通信）
同　中山　淳　（計測安全）
同　山田　達司　（電磁計測）
同　前田　隆文　（保護リレー装置）
3号委員　合田　忠弘　（スマートグリッドユーザインタフェース）
同　澤　孝一郎　（回転機）
同　山田　慎　（電力用変圧器）
同　松村　年郎　（開閉装置）
同　河本　康太郎（産業用電気加熱）
同　合田　豊　（ヒューズ）
同　平崎　敬朗　（電力用コンデンサ）
同　石崎　義弘　（避雷器）
同　清水　敏久　（パワーエレクトロニクス）
同　廣瀬　圭一　（安定化電源）
同　田辺　茂　（送配電用パワーエレクトロニクス）
同　千葉　明　（可変速駆動システム）
同　森　治義　（無停電電源システム）
同　和田　俊朗　（水車）
同　永田　修一　（海洋エネルギー変換器）
同　日髙　邦彦　（UHV 国際，絶縁協調）
同　横山　明彦　（標準電圧，電力流通設備のアセットマネジメント）
同　坂本　雄吉　（架空送電線路）
同　高須　和彦　（がいし）
同　岡部　成光　（高電圧試験方法）
同　腰塚　正　（短絡電流）
同　本橋　準　（活線作業用工具・設備）
同　境　武久　（高電圧直流送電システム）
同　山野　芳昭　（電気材料）
同　石井　登　（電線・ケーブル）
同　渋谷　昇　（電磁両立性）
同　多氣　昌生　（人体ばく露に関する電界，磁界及び電磁界の評価方法）
同　八坂　保弘　（電気エネルギー貯蔵システム）

電気学会 電気規格調査会標準規格
JEC-5202：2019
ブッシング

2019年 6月25日　　第1版第1刷発行

編　者　電気学会 電気規格調査会
発行者　田　中　久　喜

発 行 所
株式会社　電 気 書 院
ホームページ　www.denkishoin.co.jp
（振替口座　00190-5-18837）
〒101-0051　東京都千代田区神田神保町1-3 ミヤタビル2F
電話（03）5259-9160／FAX（03）5259-9162

印刷　株式会社TOP印刷
Printed in Japan／ISBN978-4-485-98998-2

JEC

電気学会 電気規格調査会標準規格

ブッシング

JEC-5202 : 2019　**追補1**　2022-11

JEC-5202：2019　追補1　2022－11

電気学会　電気規格調査会標準規格

ブッシング

追補1

まえがき

この追補は，一般社団法人電気学会 ブッシング標準特別委員会が作成し，2022年11月22日に電気規格調査会委員総会の承認を経て制定された。これによって，**JEC-5202**：2019は改正され，一部が置き換えられた。

追補　JEC-5202：2019を次のように改正する。

(1)　2　引用規格［1ページ］

引用規格の一覧に以下を追加する。

JEAG 5003-2019　変電所等における電気設備の耐震設計指針

(2)　4.8　機械的強度［15 ページ］

この箇条の細別 **2)** を次のものに変更する。

2) 動的に考える場合

附属書Kによる。常時荷重（自重，内圧など）以外の外力の重畳は考慮しない。ただし，接続導体の影響は，地震力によるがい管の発生応力に1.1倍を乗ずる。

注記1　変圧器，開閉装置以外の機器用ブッシングについては，各機器の**JEC**規格を準用する。

注記2　センタークランプ方式の口開きの評価に対しては，がい管の発生応力以外に基部モーメントに1.1倍を乗じてもよい。

(3)　8.11.2　試験方法［26 ページ］

この箇条の細別 **h)** を次のものに変更する。

h) 試験は定格周波数において，定格電流±2 %以内で，かつ，ブッシング全体が接地電位となっている条件で実施する。定格周波数が得られない場合は，温度上昇の測定値に次の換算を行う。

60 Hzの温度上昇換算値 ＝1.1×（50 Hzの温度上昇測定値）

50 Hzの温度上昇換算値 ＝0.95×（60 Hzの温度上昇測定値）

(4)　9.9.1　適用範囲［32 ページ］

この**注記3** を次のものに変更する。

注記3　一体性の金属製支持金具が取付けられた変圧器用ブッシングの場合，支持金具は事前に密封試験が課せられたものであり，ブッシングが形式試験若しくはルーチン試験に合格するか，又は浸漬される端部にガスケットが含まれていないものであれば，この試験を省略してもよい。

(5)　附属書 B 変圧器用ブッシングの耐震試験用ポケット［39 ページ］

この附属書本文を次のものに変更する。

変圧器用ブッシングは，**附属書A**などに示すとおり，互換性を目的として取付寸法が詳細に規定されている。互換性を確保するためには，いずれの条件に対しても耐える機械的強度が必要であるが，経済的に問題が生じることが予想される。このため，互換性の要求が強く最も汎用性の高い防音タンク構造の変圧器でブッシングの取付角度が鉛直から30° までの場合を対象とし，その大部分が包含できる試験用ポケットの寸法定義を**図B.1**に，諸元を**表B.1**に示す。ただし，クラスB地震力が要求される場合にはポケットの厚肉化，補強リブの追加などの方法により高剛性構造とするのが一般的であることから，クラスB地震力に対する耐震試験用ポケット構造は当事者間の協議により決定してもよい。

(6)　附属書 B　変圧器用ブッシングの耐震試験用ポケット［39 ページ］

この**表 B.1－耐震試験用ポケットの諸元**の**注** a) を次のものに変更する。

注 a)　振動定数で示した$E \cdot I$ については規定値以下で上限に近い値，K_{RB}及びK_{RP}については規定値に近い値になるよう製作する。

(7)　附属書 E.3.4　かさ形状の規定［49 ページ］

この**表 E.2－かさ形状の規定**を次のものに変更する。

表 E.2―かさ形状の規定

規定内容	①同径かさと段違いかさのかさ寸法	②かさ間ピッチとかさ張出し寸法比率	③かさ間ピッチの最小寸法	④各かさ間ピッチと1ピッチ当たりの漏れ距離比率	⑤かさ角度
パラメータ	・同径かさ 最大径>200 mm p_1=p_2，又は p_1-p_2 < 15 mm 最大径≦200 mm p_1=p_2，又は p_1- p_2<0.18p_1 mm p_1 p_2 ・段違いかさ 最大径>200 mm p_1-p_2≧15 mm 最大径≦200 mm p_1-p_2≧0.18p_1 mm p_1 p_2	・下ひだ無し 胴径≦110 mm s/p≧0.75 胴径>110 mm s/p≧0.65 p s p s ・下ひだ有り 胴径≦110 mm s/p≧0.85 胴径>110 mm s/p≧0.75 p s	・同径かさ c≧25 mm c ・段違いかさ c≧40 mm c c	・全形状 l/d≦4.5 d l d_1 l_1 d_2 l_2 d_1 l_1 d_2 l_2 d_3 l_3	・垂直設置がいし 5°≦α≦25° ・水平設置がいし 0°≦α≦20° α
補足説明	・着氷雪又は豪雨を考慮し，段違いかさの場合は15 mm以上の寸法を規定。	・アーク放電の進展を防ぐ目的で比率を規定。	・アーク放電の進展を防ぐ目的で比率を規定。	・4.5程度で汚損耐電圧性能が最大となる傾向。	・傾斜が大きすぎると雨洗効果の妨げとなる。

(8)　附属書 E.7.1.4.3　合否の判定［52 ページ］
この箇条を次のものに変更する。

燃焼性分類が下記のいずれかに属すること。
・ブッシングの定格電圧が115 kV以下のもの
V-0，V-1（垂直燃焼性）又は HB 40-25 mm（水平燃焼性）のいずれかによる。
・ブッシングの定格電圧が161 kV以上のもの
V-0，V-1（垂直燃焼性）のいずれかによる。

注記1　HB 40-25 mmとは，水平燃焼性HB 40に分類される最大燃焼長25 mm以下の材料のことである。本試験方法に関しては，**IEC 61462**:2007に規定されている。

注記2　燃焼性分類は**IEC 60695-11-10**:2013（**JIS C 60695-11-10**：2015）に規定されている。

(9)　附属書 E.7.2.6.2　試験方法［58 ページ］
この箇条を次のものに変更する。

目視により，外被ゴムの欠陥，クラック，剥離などを確認する。

注記　本試験方法に関しては，**IEC 61462**:2007に規定されている。

(10)　附属書 E.7.2.6.3　合否の判定［58 ページ］
この箇条を次のものに変更する。

外被ゴムの欠陥，クラック，剥離などがないこと。

注記　本試験方法に関しては，**IEC 61462**:2007に規定されている。

(11)　附属書 E.7.2.8　難燃性試験［−］
この箇条を **E.7.2.7.3**［60 ページ］の次に追加する。

E.7.2.8　難燃性試験
E.7.1.4に準じて行う。

注記　**E.7.1.4.3**は**JEC-5202**：2019　**追補1** 2022-11　箇条(8)にて変更されている。

(12)　附属書 K（規定）動的地震力に対する要求事項［−］
この附属書を次の内容で追加する。

附属書K
（規定）
動的地震力に対する要求事項

この附属書は，動的耐震設計の基本的事項として，**JEAG 5003**-2019に準拠し，設計手法及び設計地震力について規定したものである。

なお，本附属書に記載していない事項については，**JEAG 5003**-2019によるものとする。

K.1　適用範囲

この附属書は定格電圧161 kV以上の少なくとも一端が気中で使用されるブッシングに適用する。

注記1　一般に定格電圧115 kV以下のブッシングが適用される機器は，構造的に耐震強度が高いことから動的耐震設計の対象外としている。定格電圧115 kV以下の少なくとも一端が気中で使用されるブッシングの動的耐震設計の要求がある場合には，当事者間の協議による合意があれば本附属書の規定を適用してもよい。

注記2　ここでいう定格電圧とは，機器の定格電圧ではなく，ブッシングの定格電圧をいう。

K.2　設計手法

応答スペクトルに基づく動的設計手法を適用する。

K.3　設計地震力

動的設計地震力には次のクラスがある。ブッシング用途による加速度応答スペクトルの適用区分は**表K.1**による。

(1)　**クラスA**　**JEAG 5003**-2019で規定している標準的地震動における加速度応答スペクトルである。

(2)　**クラスB**　クラスAの2倍レベルの加速度応答スペクトルであり，**JEAG 5003**-2019に高レベル地震動の参考として記載されている。

注記1　加速度は3軸（水平2軸及び鉛直）同時に考慮する。ただし，当事者間の協議により，ブッシング部構造の対称性，ブッシングの設置方向又は角度等の諸条件から入力方向を適切に設定することで，設計地震力を2軸（水平1軸及び鉛直）同時又は1軸（水平又は鉛直）のみも可能とする。

注記2　減衰定数の実測データの取得が困難な場合は類似機器で実績のある値又は一般的な値[a]を用いてもよい。

注[a]　機器の設計における一般的な減衰定数は，**JEAG 5003**-2019によると，ポリマーがい管を除く変電機器の場合は5 %，ポリマーがい管の場合は2 %以下が多い。また，フランジ付きがいしを主体とする構造については2 %～8 %，ポリマーがい管を主体とする構造については1 %～5 %と記載されている。

表 K.1－加速度応答スペクトルの適用区分

区分	変圧器用ブッシング	気中－気中用ブッシング	開閉装置用ブッシング [a]
クラスA	**表K.2**及び**図K.1**による	**表K.2**及び**図K.1**による	**表K.3**及び**図K.2**による
クラスB	**表K.4**及び**図K.3**による	**表K.4**及び**図K.3**による	**表K.5**及び**図K.4**による

注記　屋外ならびに建物内のうち地階及び1階で使用されるものに適用する。建物2階以上で使用されるものに関しては建物の条件を考慮して当事者間の協議により決定する。ただし，1階の天井部は2階に含むとする。

注 [a]　当該ブッシングは**JEAG 5003**-2019ではがいし形機器に分類し規定されている。

表K.2－変圧器用及び気中－気中用ブッシングに対するクラスAの加速度応答スペクトル

振動数　Hz	0.5	1	10	33以上
水平最大応答加速度　m/s^2	14	28×α [a]	28×α [a]	10
鉛直最大応答加速度　m/s^2	5.88	11.76×α [a]	11.76×α [a]	4.2

注記　表中に記載のポイント間は，両対数軸上で線形補間して応答加速度値を求める。

注 [a]　$\alpha=8.783\,971\,6\times\exp[-(12.971\,04\times h)^{0.185\,481\,23}]$　　ここで，α：換算係数，h：減衰定数(%)

h=5の場合はα=1 とし，h=5以外の場合はαを上記の式により求める。

表K.3－開閉装置用ブッシングに対するクラスAの加速度応答スペクトル

振動数　Hz	0.5	1	10	33以上
水平最大応答加速度　m/s^2	8.4	16.8×α [a]	16.8×α [a]	6
鉛直最大応答加速度　m/s^2	5.88	11.76×α [a]	11.76×α [a]	4.2

注記　表中に記載のポイント間は，両対数軸上で線形補間して応答加速度値を求める。

注 [a]　$\alpha=8.783\,971\,6\times\exp[-(12.971\,04\times h)^{0.185\,481\,23}]$　　ここで，α：換算係数，h：減衰定数(%)

h=5の場合はα=1 とし，h=5以外の場合はαを上記の式により求める。

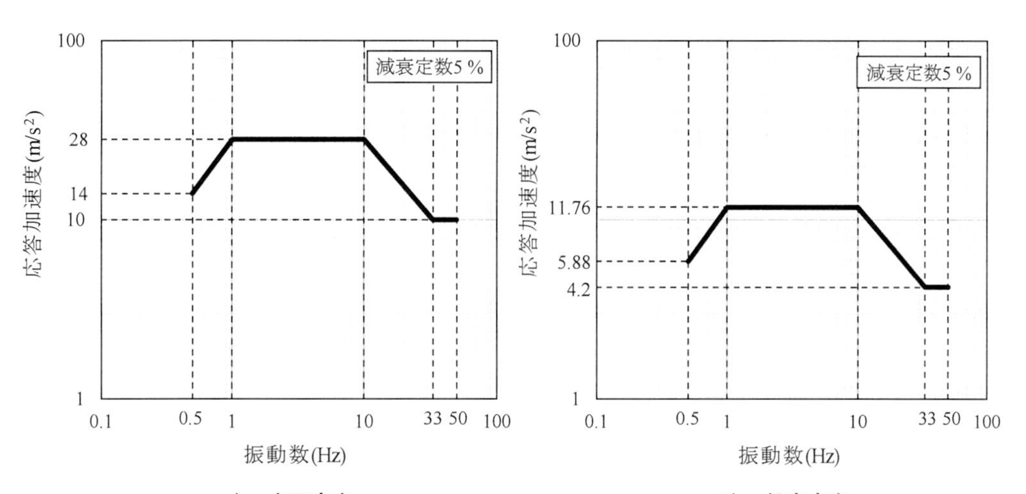

[出典：（一社）日本電気協会 変電所等における電気設備の耐震設計指針（**JEAG 5003**-2019）第3図　改変]

図K.1－変圧器用及び気中－気中用ブッシングに対するクラスAの加速度応答スペクトル

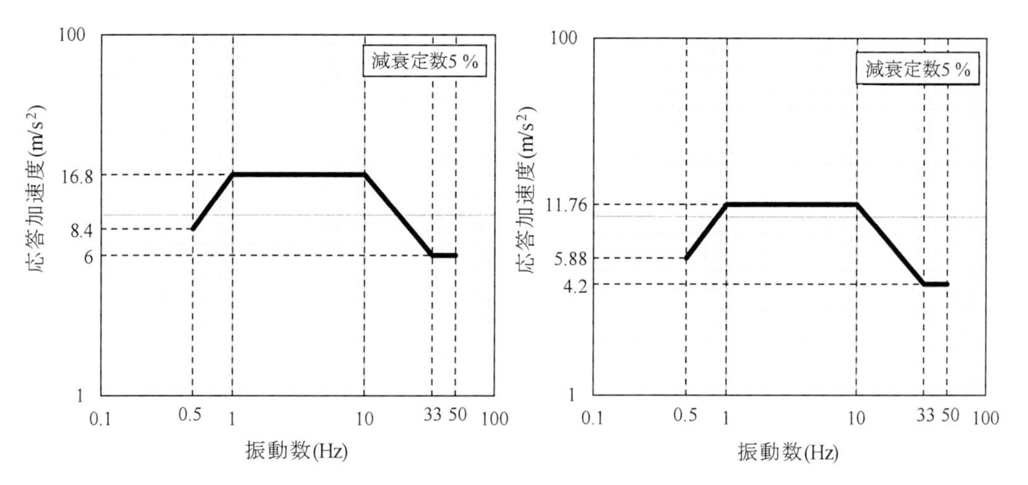

a）　水平方向　　　　**b）　鉛直方向**

[出典：（一社）日本電気協会 変電所等における電気設備の耐震設計指針（**JEAG 5003**-2019）第2図　改変]

図K.2－開閉装置用ブッシングに対するクラスAの加速度応答スペクトル

表K.4－変圧器用及び気中－気中用ブッシングに対するクラスBの加速度応答スペクトル

振動数	Hz	0.5	1	10	33以上
水平最大応答加速度	m/s²	28	56×α a)	56×α a)	20
鉛直最大応答加速度	m/s²	11.76	23.52×α a)	23.52×α a)	8.4

注記　表中に記載のポイント間は，両対数軸上で線形補間して応答加速度値を求める。

注a)　$\alpha=8.783\ 971\ 6\times\exp[-(12.971\ 04\times h)^{0.185\ 481\ 23}]$　　ここで，α：換算係数，h：減衰定数(%)

h=5の場合はα=1 とし，h=5以外の場合はαを上記の式により求める。

表K.5－開閉装置用ブッシングに対するクラスBの加速度応答スペクトル

振動数	Hz	0.5	1	10	33以上
水平最大応答加速度	m/s²	16.8	33.6×α a)	33.6×α a)	12
鉛直最大応答加速度	m/s²	11.76	23.52×α a)	23.52×α a)	8.4

注記　表中に記載のポイント間は，両対数軸上で線形補間して応答加速度値を求める。

注a)　$\alpha=8.783\ 971\ 6\times\exp[-(12.971\ 04\times h)^{0.185\ 481\ 23}]$　　ここで，α：換算係数，h：減衰定数(%)

h=5の場合はα=1 とし，h=5以外の場合はαを上記の式により求める。

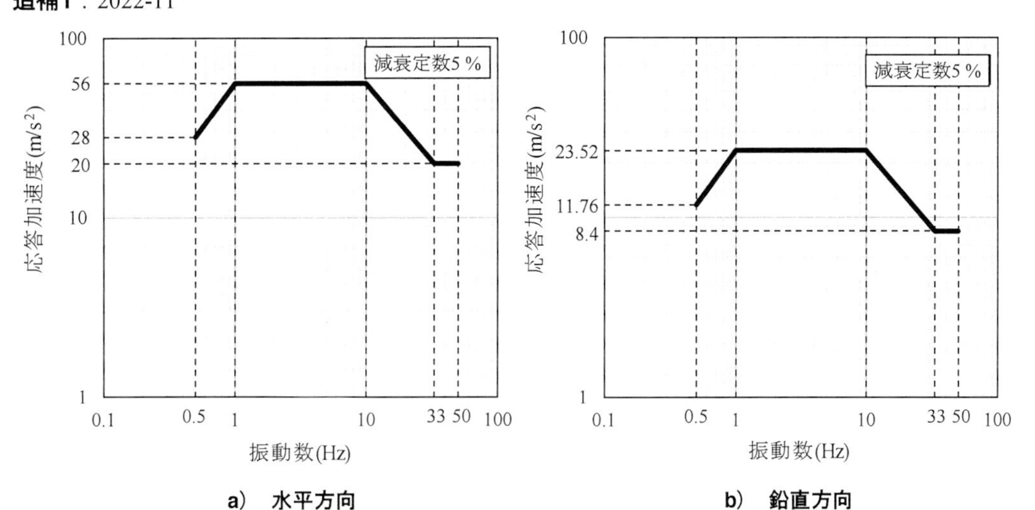

a)　水平方向　　　**b)　鉛直方向**

図K.3－変圧器用及び気中－気中用ブッシングに対するクラスBの加速度応答スペクトル

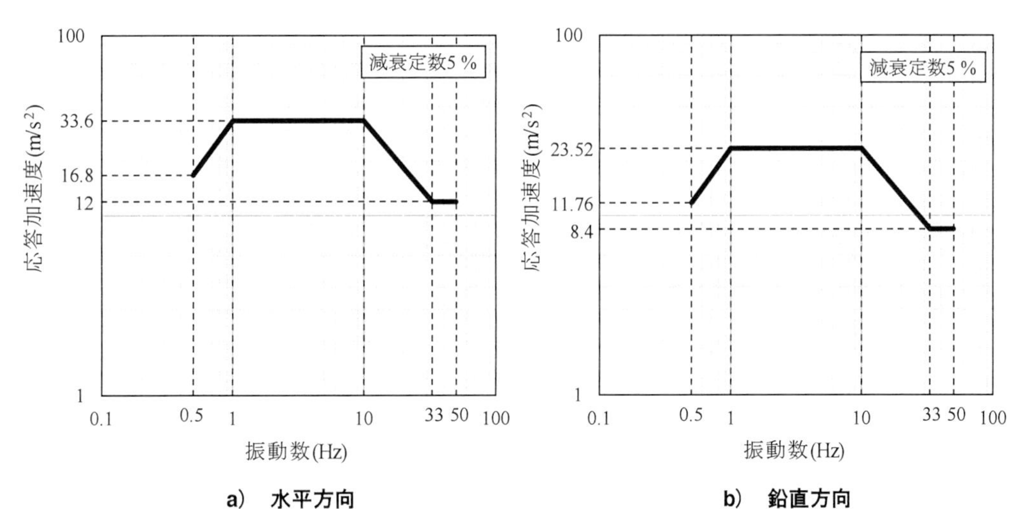

a)　水平方向　　　**b)　鉛直方向**

図K.4－開閉装置用ブッシングに対するクラスBの加速度応答スペクトル

K.4　印加箇所

変圧器用ブッシング	ブッシングポケット下端
気中－気中用ブッシング	ブッシングフランジ取付面
開閉装置用ブッシング	取付架台下端

(13) 参考文献［85ページ］
参考文献の一覧に以下を追加する。

IEC TS 61463:2016　　Bushing - Seismic qualification

解説

1　部分改正の趣旨及び経緯

JEC-5202（ブッシング）は，新たにポリマーブッシングの規定追加又は汚損設計の合理化，**IEC 60137**:2017，**IEC TS 60815-3**:2008 などの関連規格との整合を図り2019年に改正された。その後，当該規格運用の過程において以下の6点が顕在化し，不便さ及び国内規格及び**IEC**規格との不整合が生じたため，追補を発行して整合を図ることとした。

(1)　温度上昇試験の規定（**8.11.2 試験方法**）に関し，50 Hz及び60 Hzの周波数換算に関する規定を追加（利便性向上）。

(2)　支持金具及び取付用部品の密封試験（**9.9.1 適用範囲**）に関し，本試験の省略に関する注記を追加（**IEC 60137**:2017との整合を図る）。

(3)　地震による機械的強度の規定（**4.8 機械的強度 c)** 地震）に関し，**JEAG 5003**-2019（変電所等における電気設備の耐震設計指針）の改正内容に整合した規定に見直し（懸案事項の反映）。併せて，関連する**附属書B　変圧器用ブッシングの耐震試験用ポケット**を見直し及び**附属書K　動的地震力に対する要求事項**を追加。

(4)　ポリマーがい管のかさ形状の規定（**表E.2**）に関し，最大径200 mm以下及び胴径110 mm以下の細径がい管の規定を追加（**IEC TS 60815-3**:2008との整合を図る）。

(5)　ポリマーがい管の難燃性試験の規定（**附属書　E.7.1.4 難燃性試験**）に関し，合否判定基準の精緻化及び**E.7.2 タイプテスト**へ難燃性試験の追記（**JEC-5202**：2019 **表　E.3**と本文記載内容の整合を図る）。

(6)　ポリマーがい管の外観検査の規定（**附属書　E.7.2.6 外観検査**）に関し，合否判定基準の精緻化（**IEC 61462**:2007との整合を図る）。

2　審議中に特に問題となった事項

2.1　審議の主な論点

JEAG 5003-2019（変電所等における電気設備の耐震設計指針）の改正内容に整合した規定に見直し，日本国内市場のニーズも考慮したうえで，**解説表1**の項目について，標準特別委員会内で議論を行った。

解説表1－審議の主な論点

項目		議論内容
4.8	**機械的強度**	**＜外力の重量の取扱い＞** 接続導体の影響は，がいし及びがい管の地震力による発生応力に1.1倍を乗ずることで裕度として考慮することとした。また，センタークランプ方式のブッシングの場合は，基部モーメントに1.1倍を乗じて口開き及び磁器下端面の発生応力を評価している運用実態を考慮した。
4.8	**機械的強度**	**＜鉛直方向単独加振の取扱い＞** 従来，取付方向が鉛直から 30° を超え水平までの角度で使用されるブッシングに対しては鉛直方向単独で加振することとしていたが，これは水平加速度の1軸加振を基本とし，必要に応じて鉛直加速度を考慮することを前提とした規定である。**JEAG 5003**-2019における水平方向と鉛直方向の同時加振に対する規定に整合しないことから，鉛直方向単独加振は規定しないこととした。
9.9	**支持金具及び取付用部品の密封試験**	**＜省略条件の見直し＞** **IEC 60137**:2017と整合を図り，ルーチン試験における密封試験に合格していれば省略可能とすることとし，**JEC-5202**-2007で規定されていた条件を追記した。
8.11	**温度上昇試験**	**＜定格周波数の取扱い＞** ブッシングの設計及び評価において利便性を向上させるため，**JEC-5202**-2007で規定されていた周波数換算式を追記することとした。周波数換算式は，温度上昇値が周波数のほぼ0.4乗に比例するものとし，この外に3 %の危険率を加えた値を基に導出している。
附属書B	**変圧器用ブッシングの耐震試験用ポケット**	**＜クラスB地震力の取扱い＞** クラスB地震力の仕様に対応したブッシング付き変圧器の耐震設計を行う場合，ポケットのフランジ厚肉化，補強リブ追加などの機器製造者の個別設計によって，**附属書B**に規定された標準ポケットよりも高剛性構造とするのが一般的である。一方，クラスB地震力に対応した高剛性の標準ポケットの規定追加については，現時点では適用実績が少なく，標準化に向けた検証及び議論に時間を要するため，追補版発行に向けた時間的制約を鑑みると現実的ではない。 以上より，クラスB地震力に対する耐震試験用ポケット構造は当事者間の協議により決定するものとした。また，高剛性の標準ポケットの規定の追加について，次回改正時に規定することが望ましい。
附属書E.3.4	**かさ形状の規定**	**＜かさ形状の規定の見直し＞** **IEC TS 60815-3**:2008と整合を図るため，①同径かさと段違いかさのかさ寸法及び②かさ間ピッチとかさ張出し寸法比率の各パラメータについて，細径がい管の規定を追加することとした。また，利便性を考慮し下ひだ有無及び段違いかさ形状の凡例を追加することとした。
附属書E.7.1.4	**難燃性試験**	**＜難燃性試験の見直し＞** **IEC 61462**:2007と整合を図るため，合否判定を精緻化した。なお，難燃性カテゴリーの分類は**IEC 62217**:2012と整合を図ったが，ブッシングの定格電圧については国内の標準値に合わせ，115 kV以下及び161 kV以上の区分とした。
附属書E.7.2.6	**外観検査**	**＜外観検査の見直し＞** **IEC 61462**:2007と整合を図るため，合否判定を精緻化した。
附属書E.7.2.8	**難燃性試験**	**＜難燃性試験の取扱い＞** **JEC-5202**：2019 **表E.3**と整合を図るため，タイプテストに難燃性試験の項を追加することとした。

解説表1－審議の主な論点（続き）

<table>
<tr><th colspan="2">項目</th><th>議論内容</th></tr>
<tr><td>附属書K</td><td>動的地震力に対する要求事項</td><td><クラスA地震力及びクラスB地震力の規定>
JEAG 5003-2019では，標準的地震動（クラスA地震力に相当）の2倍レベルである高レベル地震動（クラスB地震力に相当）を参考記載に留めているが，我が国においてクラスB地震力を標準仕様とする使用者がおり市場ニーズがあること，関連IEC規格においても同様なクラス分けの規定としていることから，利便性を考慮しクラスA及びクラスBを併記することとした。
なお，JEAG 5003-2019 に記載されている地表面の加速度応答スペクトルは下表による。
<table>
<tr><th></th><th>クラスA</th><th>クラスB</th></tr>
<tr><td>加速度レベル
（水平）</td><td>ZPA a)：5 m/s²
最大応答：14 m/s²×α b)</td><td>ZPA a)：10 m/s²
最大応答：28 m/s²×α b)</td></tr>
<tr><td>加速度レベル
（鉛直）</td><td>ZPA a)：3.5 m/s²
最大応答：9.8 m/s²×α b)</td><td>ZPA a)：7 m/s²
最大応答：19.6 m/s²×α b)</td></tr>
<tr><td>振動数範囲</td><td colspan="2">最大応答加速度の範囲：1 Hz～10 Hz
スペクトル範囲：0.5 Hz～33 Hz
（33 Hz以上はZPA値を適用する）</td></tr>
<tr><td colspan="3">注a)　ZPA (Zero Period Acceleration) とは周期0秒における応答加速度
注b)　$\alpha=8.783\,971\,6\times\exp[-(12.971\,04\times h)^{0.185\,481\,23}]$
ここで，α：換算係数，h：減衰定数(%)
h=5の場合はα=1 とし，h=5以外の場合はαを上記の式により求める。</td></tr>
</table>
また，基礎及び変圧器本体の存在による増幅倍率の設計標準値として下表を見込んでいる。
<table>
<tr><th></th><th>水平動</th><th>鉛直動</th></tr>
<tr><td>変圧器用ブッシング及び
気中-気中用ブッシング</td><td>2.0</td><td>1.2</td></tr>
<tr><td>開閉装置用ブッシング</td><td>1.2</td><td>1.2</td></tr>
</table></td></tr>
<tr><td>附属書K</td><td>動的地震力に対する要求事項</td><td><クラスA地震力の加速度応答スペクトルの転載について>
図K.1及び図K.2は，（一社）日本電気協会の許諾を得て，JEAG 5003-2019 2.3.3 第3図 屋外用変圧器ブッシングの設計地震力（ブッシングポケット下端入力）及び2.2.3 第2図 屋外用がいし形機器の設計地震力（架台下端入力）より一部改変して転載した。なお，改変内容の責任は電気学会にある。</td></tr>
<tr><td>附属書K</td><td>動的地震力に対する要求事項</td><td><減衰定数の取扱い>
JEAG 5003-2019 では，磁器がい管を主体とする構造については2 %～8 %，ポリマーがい管を主体とする構造については1 %～5 %と記載されている。また，IEC TS 61463:2016 では，磁器ブッシングに対しては，変圧器用は5 %，開閉装置用は3 % が推奨され，550 kV以下のクラスでは磁器がい管は2 %～6 %，ポリマーがい管は1 %～4 %のデータが記載されている。これらの減衰定数の最低値を採用した場合は，過酷な条件となることが懸念される。よって減衰定数の適用は，実測データ，類似機器の実績値，一般的な値の順に適用することが望ましい。</td></tr>
</table>

2.2　IEC TS 61463:2016**との相違点**

ブッシングの耐震関連規格である **IEC TS 61463**:2016と本規格との整合を図る中で顕在化した主な相違点を**解説表2**に示す。

解説表2－本規格と IEC TS 61463:2016**との主な相違点**

No	項目		本規格の内容	**IEC TS 61463**:2016の内容	備考
1	**K.1**	**適用範囲**	定格電圧161 kV以上の少なくとも一端が気中で使用されるブッシングに適用する。ただし定格電圧115 kV以下に対しても当事者間の協議により適用可。	定格電圧52 kV以上のブッシング	**JEAG 5003**-2019と整合を図るとともに，我が国の使用実態に合わせた。
2	**K.3**	**設計地震力**	クラスA（標準地震動における加速度応答スペクトル），クラスB（クラスAの2倍の加速度応答スペクトル）の2種類。	低（AG2），中（AG3），高（AG5）の3種類	**JEAG 5003**-2019と整合を図った。
3	**K.3**	**設計地震力**	減衰定数の実測データの取得が困難な場合は類似機器で実績のある値又は一般的な値を用いてもよい。**JEAG 5003**-2019によると，実際の機器の設計における一般的な減衰定数は，ポリマーがい管を除く変電機器の場合は5 %，ポリマーがい管の場合は2 %以下が多い。また，磁器がい管を主体とする構造については2 %～8 %，ポリマーがい管を主体とする構造については1 %～5 %と記載されている。	磁器ブッシングに対しては，変圧器用は5 %，開閉装置用は3 %が推奨されている。550 kV以下のクラスでは磁器がい管は2 %～6 %，ポリマーがい管は1 %～4 %のデータが記載されている。	**JEAG 5003**-2019と整合を図った。

電気学会　電気規格調査会標準規格

JEC-5202：2019 正誤票-3

ブッシング

発行日： 2021年12月2日

項番	ページ，　箇所，　誤／正	
1	41ページ，11行目	
	誤	ここに，X_1，X_2は $Y = 2.513 \times \frac{t}{d \cdot t} \times \frac{t}{R_{\mathrm{dc}}} \times 10^{-3}$
	正	ここに，X_1，X_2は $Y = 2.513 \times \frac{t}{d \cdot t} \times \frac{f}{R_{\mathrm{dc}}} \times 10^{-3}$